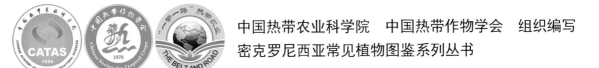

中国热带农业科学院　中国热带作物学会　组织编写

密克罗尼西亚常见植物图鉴系列丛书

总主编：刘国道

General Editor：Liu Guodao

密克罗尼西亚联邦
饲用植物图鉴

Field Guide to Forages in FSM

杨虎彪　张　雪　主编

Editors in Chief：Yang Hubiao　Zhang Xue

中国农业科学技术出版社

图书在版编目（CIP）数据

密克罗尼西亚联邦饲用植物图鉴 / 杨虎彪，张雪主编. —北京：中国农业科学技术出版社，2019.4

（密克罗尼西亚常见植物图鉴系列丛书 / 刘国道主编）

ISBN 978-7-5116-4137-3

Ⅰ. ①密… Ⅱ. ①杨… ②张… Ⅲ. ①牧草—种质资源—密克罗尼西亚联邦—图集 Ⅳ. ① S540.24-64

中国版本图书馆 CIP 数据核字（2019）第 072232 号

责任编辑　徐定娜
责任校对　贾海霞

出 版 者　中国农业科学技术出版社
　　　　　北京市中关村南大街 12 号　邮编：100081
电　　话　（010）82109707（编辑室）（010）82109702（发行部）
　　　　　（010）82109709（读者服务部）
传　　真　（010）82109707
网　　址　http://www.castp.cn
发　　行　各地新华书店
印 刷 者　北京科信印刷有限公司
开　　本　787 mm×1 092 mm　1 /16
印　　张　7.25
字　　数　168 千字
版　　次　2019 年 4 月第 1 版　2019 年 4 月第 1 次印刷
定　　价　68.00 元

《密克罗尼西亚常见植物图鉴系列丛书》

总 主 编：刘国道

《密克罗尼西亚联邦饲用植物图鉴》
编写人员

主　　编：杨虎彪　　张　雪

副 主 编：李晓霞　　王金辉　　刘海清

编写人员：（按姓氏拼音排序）

范海阔	弓淑芳	郝朝运	黄贵修
李伟明	李晓霞	刘国道	刘海清
唐庆华	王金辉	王清隆	王小芳
王媛媛	杨光穗	杨虎彪	游　雯
郑小蔚	张　雪		

摄　　影：杨虎彪　　刘国道　　王清隆

　　太平洋岛国地区幅员辽阔，拥有 3 000 多万平方千米海域和 1 万多个岛屿；地缘战略地位重要，处于太平洋东西与南北交通要道交汇处；自然资源丰富，拥有农业、矿产、油气等资源。2014 年习近平主席与密克罗尼西亚联邦（下称"密联邦"）领导人决定建立相互尊重、共同发展的战略伙伴关系，翻开了中密关系新的一页。2017 年 3 月，克里斯琴总统成功对中国进行访问，习近平主席同克里斯琴总统就深化两国传统友谊、拓展双方务实合作，尤其是农业领域的合作达成广泛共识，为两国关系发展指明了方向。2018 年 11 月，中国国家主席习近平访问巴布亚新几内亚并与建交的 8 个太平洋岛国领导人举行了集体会晤，将双方关系提升为相互尊重、共同发展的全面战略伙伴关系，开创了合作新局面。

　　1998 年，中国政府在密联邦实施了中国援密示范农场项目，至今已完成了 10 期农业技术合作项目。2017—2018 年，受中国政府委派，农业农村部直属的中国热带农业科学院，应密联邦政府要求，在密联邦开展了农业技术培训与农业资源联合调查，培训了 125 名农业技术骨干，编写了《密克罗尼西亚联邦饲用植物图鉴》《密克罗尼西亚联邦花卉植物图鉴》《密克罗尼西亚联邦药用植物图鉴》《密克罗尼西亚联邦果蔬植物图鉴》《密克罗尼西亚联邦椰子种质资源图鉴》和《密克罗尼西亚联邦农业病虫草害原色图谱》等系列著作。

　　该系列著作采用图文并茂的形式，对 492 种密联邦椰子、果蔬、花卉、饲用植物和药用植物等种质资源及农业病虫草害进行了科学鉴别，是密联邦难得一见的农业资源参考文献，是中国政府援助密联邦政府不可多得的又一农业民心工程。

值此中国—太平洋岛国农业部长会议召开之际，我对为该系列著作做出杰出贡献的来自中国热带农业科学院的专家们和密联邦友人深表敬意和祝贺。我坚信，以此系列著作的出版和《中国—太平洋岛国农业部长会议楠迪宣言》的发表为契机，中密两国农业与人文交流一定更加日益密切，一定会结出更加丰硕的成果。同时，我也坚信，以中国热带农业科学院为主要力量的热带农业专家团队，为加强中密两国农业发展战略与规划对接，开展农业领域人员交流和能力建设合作，加强农业科技合作，服务双方农业发展，促进农业投资贸易合作，助力密联邦延伸农业产业链和价值链等方面做出更大的贡献。

中华人民共和国农业农村部副部长：

2019 年 4 月

　　位于中北部太平洋地区的密克罗尼西亚联邦，是连接亚洲和美洲的重要枢纽。密联邦海域面积大，有着丰富的海洋资源、良好的生态环境以及独特的传统文化。

　　中密建交 30 年来，各层级各领域合作深入发展。党的十八大以来，在习近平外交思想指引下，中国坚持大小国家一律平等的优良外交传统，坚持正确义利观和真实亲诚理念，推动中密关系发展取得历史性成就。

　　中国政府高度重视发展中密友好关系，始终将密联邦视为太平洋岛国地区的好朋友、好伙伴。2014 年，习近平主席与密联邦领导人决定建立相互尊重、共同发展的战略伙伴关系，翻开了中密关系新的一页。2017 年，密联邦总统克里斯琴成功访问中国，习近平主席同克里斯琴总统就深化两国传统友谊、拓展双方务实合作达成广泛共识，推动了中密关系深入发展。2018 年，习近平主席与克里斯琴总统在巴新再次会晤取得重要成果，两国领导人决定将中密关系提升为全面战略伙伴关系，为中密关系未来长远发展指明了方向。

　　1998 年，中国政府在密实施了中国援密示范农场项目，至今已完成 10 期农业技术合作项目，成为中国对密援助的"金字招牌"。2017 至 2018 年，受中国政府委派，农业农村部直属的中国热带农业科学院，应密联邦政府要求，在密开展了一个月的密"生命之树"椰子树病虫害防治技术培训，先后在雅浦、丘克、科斯雷和波纳佩四州培训了125 名农业管理人员、技术骨干和种植户，并对重大危险性害虫——椰心叶甲进行了生物防治技术示范。同时，专家一行还利用培训班业余时间，不辞辛苦，联合密联邦资源和发展部及广大学员，深入田间地头开展椰子、槟榔、果树、花卉、牧草、药用植物、瓜菜和病虫草害等农业资源调查和开发利用的初步评估，组织专家编写了《密克罗尼西亚联邦饲用植物图鉴》《密克罗尼西亚联邦花卉植物图鉴》《密克罗尼西亚联邦药用植物图鉴》《密克罗尼西亚联邦果蔬植物图鉴》《密克罗尼西亚联邦椰子种质资源图鉴》《密克罗尼西亚联邦农业病虫草害原色图谱》等系列科普著作。

全书采用图文并茂的形式，通俗易懂地介绍了 37 种椰子种质资源、60 种果蔬、91种被子植物门花卉和 13 种蕨类植物门观赏植物、100 种饲用植物、117 种药用植物和74 种农作物病虫草害，是密难得一见的密农业资源图鉴。本丛书不仅适合于密联邦科教工作者，对于行业管理人员、学生、广大种植户以及其他所有对密联邦农业资源感兴趣的人士都将是一本很有价值的参考读物。

本丛书在中密建交 30 周年之际出版，意义重大。为此，我对为丛书做出杰出贡献的来自中国热带农业科学院的专家们和密友人深表敬意，对所有参与人员的辛勤劳动和出色工作表示祝贺和感谢。我坚信，以此丛书为基础，中密两国农业与人文交流一定会更加密切，一定能取得更多更好的成果。同时，我也坚信，以中国热带农业科学院为主要力量的中国热带农业科研团队，将为推动中密全面战略伙伴关系深入发展，推动中国与发展中国家团结合作，推动中密共建"一带一路"、共建人类命运共同体，注入新动力、做出新贡献。

中华人民共和国驻密克罗尼西亚联邦特命全权大使：黄峥

2019 年 4 月

前　言

　　密克罗尼西亚是一个资源富饶、文化独特的联邦岛国，位于西太平洋，由雅浦州、丘克州、科斯雷州和首都波纳佩组成。自中密建交以来，两国一直在加深传统友谊、深化合作交流。2018 年 7 月，应密联邦农业技术的合作需求，受我国政府委托，中国热带农业科学院派出科研团组赴密联邦开展"一带一路"热带农业技术援助服务，笔者有幸踏上了该国了解当地的自然生态和农业发展情况之路。

　　密联邦的气候属于热带海洋性气候，植被覆盖度很高，以滨海森林为主。物种多样性极为丰富，其中与地理条件、气候特征高度密切的特异性热带作物种质资源也异常丰富，开发利用潜力巨大。但由于历史文化的独特性，优异种质资源一直处于野生状态，随着当今的发展，密联邦对农业发展提出迫切的技术需求。

　　经验与技术分享是"一带一路"倡议的重要使命，谨以此为初衷，结合密联邦的草畜业发展需求，笔者完成了该国饲草资源与畜牧业发展水平的考察调研，发现四个州的饲草资源十分丰富，但畜牧业发展滞后，长期以来对畜禽肉和奶制品的需求基本依赖进口。然而事实上，密联邦是具有发展畜牧业的绝佳优势，具体表现为可利用草地资源丰富，簇序鸭嘴草、圆锥花雀稗、滨豇豆等系列优良饲草众多。中国热带农业科学院副院长刘国道研究员在与彼得·克里斯琴总统的对话中就意味深长地提道："我们在密联邦看到的草都是将来的奶和肉"引起了密方高层的共鸣，并向密方提出发展畜牧业的建议获得总统的高度重视。

　　坚定践行"一带一路"的重要使命，迎合密联邦发展需求，积极推进其畜牧业的未来发展，笔者系统整理了密联邦的饲用植物资源，以堪后用。考察工作得到"一带一路"热带项目、中国科协青年人才托举工程等项目的资助，考察工作的顺序开展也得益于我国驻密大使馆、密方陪同官员及中国热带农业科学院派出科研团组的鼎力支持，在此一并致谢。

本书得到"一带一路"热带项目资金资助。

总主编：刘国道

2018 年 11 月

目　录

大叶相思

拉丁名：*Acacia auriculiformis* A. Cunn. ex Benth.

波纳佩语：tuhkehn pwelmwahu

常绿乔木，枝条下垂，树皮平滑，灰白色；小枝无毛，皮孔显著。叶状柄镰状长圆形，长 10~20 厘米，宽 1.5~4（6）厘米，两端渐狭，比较显著的主脉有 3~7 条。穗状花序长 3.5~8 厘米，1 至数枝簇生于叶腋或枝顶；花橙黄色；花萼长 0.5~1 毫米，顶端浅齿裂；花瓣长圆形，长 1.5~2 毫米；花丝长约 2.5~4 毫米。荚果成熟时旋卷，长 5~8 厘米，宽 8~12 毫米，果瓣木质，每一果内有种子约 12 颗；种子黑色，围以折叠的珠柄。

植株局部

分布：波纳佩。

利用：花色艳丽，多作为行道树种植。也属于速生树种，为生产纸浆用，其幼叶羊也喜采食。

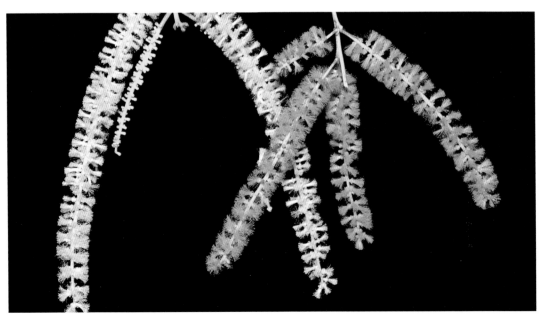

花序

台湾相思

拉丁名: *Acacia confusa* Merr.

波纳佩名: Pilampwoia

英文名: Formosa acacia, Formosan koa

常绿乔木, 高 6~15 米; 小叶退化, 叶柄变为叶状柄, 叶状柄革质, 披针形, 长 6~10 厘米, 宽 5~13 毫米。头状花序球形, 单生或 2~3 个簇生于叶腋, 直径约 1 厘米; 总花梗纤弱, 长 8~10 毫米; 花金黄色; 花瓣淡绿色, 长约 2 毫米; 雄蕊多数, 明显超出花冠之外; 子房被黄褐色柔毛, 花柱长约 4 毫米。荚果扁平, 长 4~9 厘米, 宽 7~10 毫米, 干时深褐色, 有光泽, 于种子间微缢缩, 顶端钝而有凸头, 基部楔形; 种子 2~8 颗, 椭圆形, 压扁, 长 5~7 毫米。

植株

分布: 雅浦、波纳佩。

利用: 多作为行道树种植。也属于速生树种, 为生产纸浆用, 其幼叶羊也喜采食。

花序

朱缨花

拉丁名：*Calliandra haematocephala* Hassk.

英文名：Blood red tassel flower

灌木，高 1~3 米。托叶卵状披针形，宿存。二回羽状复叶，总叶柄长 1~2.5 厘米；羽片 1 对，长 8~13 厘米；小叶 7~9 对。头状花序腋生，直径约 3 厘米，有花约 25~40 朵，总花梗长 1~3.5 厘米；花萼钟状，长约 2 毫米，绿色；花冠管长 3.5~5 毫米，淡紫红色，顶端具 5 裂片，裂片反折，长约 3 毫米，无毛；雄

植株

蕊突露于花冠之外，非常显著，雄蕊管长约 6 毫米，白色，管口内有钻状附属体，上部离生的花丝长约 2 厘米，深红色。荚果线状倒披针形，长 6~11 厘米，宽 5~13 毫米，暗棕色，成熟时由顶至基部沿缝线开裂，果瓣外反；种子 5~6 颗，长圆形，长 7~10 毫米，宽约 4 毫米，棕色。

分布：波纳佩、雅浦、丘克、科斯雷。

利用：具叶量大、适口性较好、蛋白含量高等优点，可作为饲用利用。

花序

苏里南美蕊花

拉丁名： *Calliandra surinamensis* Benth.

英文名： Pink powder puff, Surinam powderpuff

灌木或小乔木，高 1~5 米；枝条扩展，小枝圆柱形，褐色，粗糙。二回羽状复叶，无腺体；羽片 1 至数对；小叶对生。花通常少数组成球形的头状花序，腋生或顶生的总状花序，5~6 数，杂性；花萼钟状，浅裂；花瓣连合至中部，中央的花常异型而具长管状花冠；雄蕊多数，红色或白色，长而突露，十分显著，下部连合成管，花药通常具腺毛；心皮 1 枚，无柄，胚珠多数，花柱线形。荚果

植株

线形，扁平，劲直或微弯，基部通常狭，边缘增厚，成熟后，果瓣由顶部向基部沿缝线 2 瓣开裂；种子倒卵形或长圆形，压扁，种皮硬，具马蹄形痕，无假种皮。

分布： 波纳佩、雅浦、丘克、科斯雷。

利用： 属于园艺观赏植物，多用于景观布置。也可作为饲用利用，属于蛋白含量较高的豆科饲作植物。

花蕾

花序

牛蹄豆

拉丁名： *Pithecellobium dulce* (Roxb.) Benth.

丘克名： Kamachuri

波纳佩名： gamachil

常绿乔木；枝条通常下垂，小枝有由托叶变成的针状刺。羽片 1 对，每一羽片只有小叶 1 对；小叶长倒卵形或椭圆形，长 2~5 厘米，宽 2~25 毫米，大小差异甚大；叶脉明显，中脉偏于内侧。头状花序小，于叶腋或枝顶排列成狭圆锥花序式；花萼漏斗状，长 1 毫米，密被长柔毛；花冠白色或淡黄色，长约 3

植株局部

毫米，密被长柔毛，中部以下合生；花丝长 8~10 毫米。荚果线形，长 10~13 厘米，宽约 1 厘米，膨胀，旋卷，暗红色；种子黑色，包于白色或粉红的肉质假种皮内。

分布： 波纳佩、雅浦、丘克、科斯雷。

利用： 用途较多，其木材为较好的建筑用材，其叶片和果荚可用作饲料，而假种皮味酸甜可调制饮料。

花序

银合欢

拉丁名：*Leucaena leucocephala* (Lam.) de Wit

波纳佩语：dangandangan, tangantangan

雅浦语：ganitnityuwan, tangantan

种子

小乔木，高 2~6 米。羽状复叶，羽片 4~8 对，长 5~9 厘米，叶轴被柔毛；小叶 5~15 对，长 7~13 毫米，宽 1.5~3 毫米。头状花序通常 1~2 个腋生，直径 2~3 厘米；总花梗长 2~4 厘米；花白色；花萼长约 3 毫米，顶端具 5 细齿，外面被柔毛；花瓣狭倒披针形，长约 5 毫米，背被疏柔毛；雄蕊 10 枚，通常被疏柔毛，长约 7 毫米；子房具短柄，上部被柔毛，柱头凹下呈杯状。荚果带状，长 10~18 厘米，宽 1.4~2 厘米，顶端凸尖，基部有柄，纵裂，被微柔毛；种子 6~25 颗，卵形，长约 7.5 毫米，褐色，扁平，光亮。

分布：波纳佩、雅浦、丘克、科斯雷。

利用：嫩茎叶适口性好，富含蛋白质、胡萝卜素和维生素，适于作牛羊饲料。叶粉是猪、兔、家禽的优良补充饲料。

植株

果荚

合欢草

拉丁名：*Desmanthus virgatus* (L.) Willd.

英文名：Slender mimosa,Virgate mimosa, Wild tan-tan

多年生亚灌木状草本，高 0.5~1.3
米；分枝纤细，具棱，棱上被短柔毛。
托叶刚毛状，长 3~6 毫米。二回羽状复
叶；羽片 2~4 对，长 1.2~2.5 厘米；小
叶 6~21 对，长圆形，长 4~6 毫米，宽约
2 毫米。头状花序直径约 5 毫米，绿白
色，有花 4~10 朵；总花梗长 1~4 厘米；
小苞片卵形，具长尖头；花萼钟状，长
约 2 毫米，萼齿短；花瓣狭长圆形，长
约 3 毫米；雄蕊 10 枚。荚果线形，长
4~11 厘米，宽 2~4 毫米；种子斜列，长 2.5~3 毫米。

植株

分布：波纳佩、丘克、科斯雷。

利用：嫩茎叶适口性较好，粗蛋白含量较高，适于作牛羊饲料。

花序

羊蹄甲

拉丁名：*Bauhinia purpurea* L.

英文名：Butterfly tree, Butterfly-orchid-tree

乔木，高 7~10 米；叶硬纸质，长 10~15 厘米，宽 9~14 厘米，基部浅心形，先端分裂达叶长的 1/3~1/2；叶柄长 3~4 厘米。总状花序侧生或顶生，长 6~12 厘米，有时 2~4 个生于枝顶而成复总状花序；花梗长 7~12 毫米；萼佛焰状，一侧开裂达基部成外反的 2 裂片，裂片长 2~2.5 厘米；花瓣桃红色，倒披针形，长 4~5 厘米；能育雄蕊 3；退化雄蕊 5~6；子房具长柄，被黄褐色绢毛，柱头稍大，斜盾形。荚果带状，扁平，长 12~25 厘米，宽

种子

2~2.5 厘米，略呈弯镰状，成熟时开裂，木质的果瓣扭曲将种子弹出；种子近圆形，扁平，直径 12~15 毫米，种皮深褐色。

分布：波纳佩。

利用：嫩叶适口性好，粗蛋白含量较高，适作牛羊饲料。旱季其枯叶也可作为干草利用。

植株局部

腊肠树

拉丁名：*Cassia fistula* L.

落叶乔木；枝细长；树皮幼时光滑，灰色，老时粗糙，暗褐色。叶长 30~40 厘米，有小叶 3~4 对；小叶对生，薄革质，阔卵形，长 8~13 厘米，宽 3.5~7 厘米，顶端短渐尖而钝，基部楔形，边全缘。总状花序长达 30 厘米或更长，疏散，下垂；花与叶同时开放，直径约 4 厘米；花梗柔弱，长 3~5 厘米，下无苞片；萼片长卵形，长 1~1.5 厘米，开花时向后反折；花瓣黄色，长 2~2.5 厘米；雄蕊 10 枚。荚果圆柱形，长 30~60 厘米，直径 2~2.5 厘米，黑褐色，不开裂，有 3 条槽纹；种子 40~100 颗，为横隔膜所分开。

种子

分布：波纳佩。

利用：粗蛋白含量较高，适于作牛羊饲料。旱季其枯叶也可作为干草利用。

植株局部

刺果苏木

拉丁名：*Caesalpinia bonduc* (L.) Roxb.

丘克名：Nickaeoo

波纳佩名：Kehsaphl

英文名：Beach nicker, Bonduc, Divi-divi

有刺藤本。叶长 30~45 厘米；叶轴有钩刺；羽片 6~9 对；托叶大，叶状，常分裂，脱落；小叶 6~12 对，膜质，长圆形，长 1.5~4 厘米，宽 1.2~2 厘米，先端圆钝而有小凸尖，基部斜，两面均被黄色柔毛。总状花序腋生，具长梗，

植株

上部稠密，下部稀疏；花梗长 3~5 毫米；苞片锥状，长 6~8 毫米，被毛，外折，开花时渐脱落；花托凹陷；萼片 5，长约 8 毫米，内外均被锈色毛；花瓣黄色，最上面一片有红色斑点，倒披针形，有柄；花丝短，基部被绵毛；子房被毛。荚果革质，长圆形，长 5~7 厘米，宽 4~5 厘米，顶端有喙，膨胀，外面具细长针刺；种子 2~3 颗，近球形，铅灰色，有光泽。

分布：波纳佩、丘克、雅浦、科斯雷。

利用：其叶片幼嫩时羊偶有采食。

示果荚

决　明

拉丁名：*Senna tora* (L.) Roxburgh

英文名：Foetid cassia, Java bean

一年生草本，高 1~2 米。叶长 4~8 厘米；叶柄上无腺体；叶轴上每对小叶间有棒状的腺体 1 枚；小叶 3 对，长 2~6 厘米，宽 1.5~2.5 厘米；小叶柄长 1.5~2 毫米；托叶线状，被柔毛，早落。花腋生，通常 2 朵聚生；总花梗长 6~10 毫米；花梗长 1~1.5 厘米；萼片稍不等大，卵形或卵状长圆形；花瓣黄色，下面两片略长，长 12~15 毫米，宽 5~7 毫米；能育雄蕊 7 枚，花药四方形，顶孔开裂，长约 4 毫米，花丝短于花药；子房无柄，被白色柔毛。荚果纤细，近四棱形，两端渐尖，长达 15 厘米，宽 3~4 毫米，膜质；种子约 25 颗，菱形，光亮。

种子

分布：波纳佩。

利用：是良好的绿肥植物，也可作为饲料利用。

植株

花

翅荚决明

拉丁名： *Senna alata* (L.) Roxburgh

丘克名： Arakak, Arekak, Salai

波纳佩名： Tuhken kilinwai

雅浦名： Geking sepan

直立灌木，高 1.5~3 米；枝粗壮，绿色。叶长 30~60 厘米；在靠腹面的叶柄和叶轴上有二条纵棱条，有狭翅，托叶三角形；小叶 6~12 对，薄革质，倒卵状长圆形或长圆形，长 8~15 厘米，宽 3.5~7.5 厘米，顶端圆钝而有小短尖头，基部斜截形，下面叶脉明显凸起；小叶柄极短或近无柄。花序顶生和腋生，具长梗，单生或分枝，长 10~50 厘米；花直径约 2.5 厘米；花瓣黄色，有明显的紫色脉纹；位于上部的 3 枚雄蕊退化，7 枚雄蕊发育，下面二枚的花药大，侧面的较小。荚果长带状，长 10~20 厘米，宽 1.2~1.5 厘米，每果瓣的中央顶部有直贯至基部的翅，翅纸质，具圆钝的齿；种子 50~60 颗，扁平，三角形。

分布： 波纳佩、丘克、雅浦、科斯雷。

利用： 生物量大、叶适口性好、蛋白含量较高，可作为饲料利用。

叶片

花序

种子

植株

望江南

拉丁名：*Senna occidentalis* (L.) Link

丘克名：Afanafan

英文名：Antbush, Arsenic bean

直立亚灌木，高 0.8~1.5 米；枝带草质，有棱；叶长约 20 厘米；叶柄近基部有腺体 1 枚；小叶 4~5 对，膜质，卵形至卵状披针形，长 4~9 厘米，宽 2~3.5 厘米；小叶柄长 1~1.5 毫米；托叶膜质，卵状披针形，早落。花数朵组成伞房状总状花序，长约 5 厘米；苞片线状披针形；花长约 2 厘米；萼片不等大，外生的近圆形，长 6 毫米，内生的卵形，长 8~9 毫米；花瓣黄色，外生的卵形，长约 15 毫米，宽 9~10 毫米；雄蕊 7 枚发育，3 枚不育，无花药。荚果带状镰形，褐色，压扁，长 10~13 厘米，宽 8~9 毫来，稍弯曲，边较淡色，加厚，有尖头；果柄长 1~1.5 厘米；种子 30~40 颗，种子间有薄隔膜。

分布：波纳佩、丘克。

利用：蛋白含量高，牛羊等家畜喜采集，是优良饲用植物。

植株

花特写

花序

种子

黄槐决明

拉丁名：*Senna surattensis* (N. L. Burman) H. S. Irwin & Barneby Mem

英文名：Glaucous cassia, Scrambled eggs bush

种子

灌木，高 5~7 米。叶长 10~15 厘米；叶轴及叶柄呈扁四方形；小叶 7~9 对，长椭圆形或卵形，长 2~5 厘米，宽 1~1.5 厘米；小叶柄长 1~1.5 毫米。总状花序生于枝条上部的叶腋内；苞片卵状长圆形，长 5~8 毫米；萼片卵圆形，大小不等，内生的长 6~8 毫米，外生的长 3~4 毫米，有 3~5 脉；花瓣鲜黄至深黄色，卵形至倒卵形，长 1.5~2 厘米；雄蕊 10 枚，全部能育，最下 2 枚有较长自认花丝，花药长椭圆形，2 侧裂；子房线形，被毛。荚果扁平，带状，开裂，长 7~10 厘米，宽 8~12 毫米，顶端具细长的喙，果颈长约 5 毫米，果柄明显；种子 10~12 颗，有光泽。

分布：科斯雷。

利用：蛋白含量高，牛、羊等家畜喜采集，是优良饲用植物。

植株

山扁豆

拉丁名: *Chamaecrista mimosoides* (L.) Greene

英文名: Five-leaf cassia, Japanese tea

亚灌木状草本，高30~60厘米。叶长4~8厘米，在叶柄的上端、最下一对小叶的下方有圆盘状腺体1枚；小叶20~50对；托叶线状锥形，长4~7毫米，有明显肋条，宿存。花序腋生，1或数朵聚生不等，总花梗顶端有2枚小苞片，长约3毫米；萼长6~8毫米，顶端急尖，外被疏柔毛；花瓣黄色，不等大，具短柄，略长于萼片；雄蕊10枚，5长5短相间而生。荚果镰形，扁平，长2.5~5厘米，宽约4毫米，果柄长1.5~2厘米；种子10~16颗。

分布：波纳佩。

利用：蛋白含量高，牛羊等家畜喜采集，是优良饲用植物。

植株

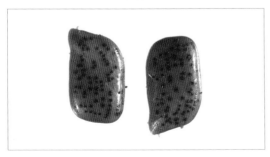

种子

花部

相思子

拉丁名：*Abrus precatorius* L.

波纳佩语：Kaigus, Kaikes en iak

藤本。茎细弱，疏被锈白色糙伏毛。羽状复叶；小叶 8~13 对，膜质，对生，近长圆形，长 1~2 厘米，宽 0.4~0.8 厘米。总状花序腋生，长 3~8 厘米；花序轴粗短；花小，密集呈头状；花萼钟状，萼齿 4 浅裂，被白色糙毛；花冠紫色，旗瓣柄三角形，翼瓣与龙骨瓣较窄狭；雄蕊 9；子房被毛。荚果长圆形，果瓣革质，长 2~3.5 厘米，宽 0.5~1.5 厘米，成熟时开裂，有种子 2~6 粒；种子椭圆形，平滑具光泽，上部约 2/3 为鲜红色，下部 1/3 为黑色。

分布：波纳佩。

利用：嫩茎叶适口性好，可作为饲草利用。种子有毒，不可利用。

花序

植株

果荚

链荚豆

拉丁名：*Alysicarpus vaginalis* (L.) DC.

英文名：Alyce clover, Alysicarpus, Buffalo clover

多年生草本；茎平卧或上部直立，高 30~90 厘米。叶仅有单小叶；叶柄长 5~14 毫米，无毛；小叶形状及大小变化很大。总状花序腋生或顶生，长 1.5~7 厘米，有花 6~12 朵，成对排列于节上，节间长 2~5 毫米；苞片膜质，卵状披针形，长 5~6 毫米；花梗长 3~4 毫米；花萼膜质，长 5~6 毫米，5 裂；花冠紫蓝色，略伸出于萼外；子房被短柔毛，有胚珠 4~7 颗。荚果扁圆柱形，长 1.5~2.5 厘米，宽 2~2.5 毫米，被短柔毛，有不明显皱纹，荚节 4~7 个，荚节间不收缩，但分界处有略隆起线环。

分布：波纳佩、雅浦、丘克、科斯雷。

利用：是天然草地中的重要伴生种，其适口性好，是饲用价值较高的豆科植物之一。

植株

示花序

果荚

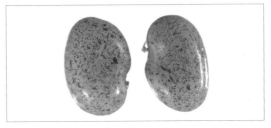

种子

伞花假木豆

拉丁名：*Dendrolobium umbellatum* (Linn.) Benth.

灌木或小乔木，高达5米。嫩枝圆柱形，密被黄色或白色贴伏丝状毛，老枝渐变无毛。叶为三出羽状复叶；叶柄长2~5厘米，幼时密被贴伏丝状毛；小叶近革质，顶生小叶长5~14厘米，宽3~7厘米，侧生小叶略小；小托叶丝状或钻形，长1.5~5毫米；小叶柄长0.5~2厘米。伞形花序通常有花10~20朵；腋生；苞片卵形，长约

示叶片

2毫米；花萼长4~5毫米，外面密被丝状毛，上部裂片先端2裂；花冠白色，长10~13毫米，宽6~10毫米，具瓣柄，翼瓣狭椭圆形，长11~12毫米，宽1~2毫米，具瓣柄；龙骨瓣较翼瓣宽，长11~12毫米，宽3~5毫米；雄蕊长约10毫米；雌蕊长达15毫米，子房被丝状毛。荚果狭长圆形，长2~3.5厘米，宽4~6毫米，有荚节3~5个；种子椭圆形或宽椭圆形，长约4毫米，宽约3毫米。

分布：波纳佩、雅浦、丘克、科斯雷。

利用：枝叶幼嫩、叶量丰富、适口性佳，是密克罗尼西亚联邦最具开发利用价值的豆科饲用植物之一。

植株

果序

葫芦茶

拉丁名：*Tadehagi triquetrum* (L.) H. Ohashi

亚灌木，茎直立，高 1~2 米。幼枝三棱形，棱上被疏短硬毛，老时渐变无。叶仅具单小叶；托叶披针形，长 1.3~2 厘米，有条纹；叶柄长 1~3 厘米，两侧有宽翅，翅宽 4~8 毫米，与叶同质；小叶纸质，狭披针形至卵状披针形，长 5.8~13 厘米，宽 1.1~3.5 厘米。总状花序顶生和腋生，长 15~30 厘米；花 2~3 朵簇生于每节上；花梗开花时长 2~6 毫米，结果时延长到 5~8 毫米；花萼宽钟形，长约 3 毫米，萼筒长 1.5 毫米；花冠淡紫色或蓝紫色，长 5~6 毫米，旗瓣近圆形，先端凹入，翼瓣倒卵形，基部具耳，龙骨瓣镰刀形，瓣柄与瓣片近等长；子房被毛，有 5~8 胚珠。荚果长 2~5 厘米，宽 5 毫米，有荚节 5~8 个；种子宽椭圆形或椭圆形，长 2~3 毫米，宽 1.5~2.5 毫米。

分布：雅浦。

利用：优良饲用植物，牛、羊均喜采食。

植株

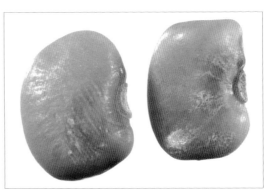

种子

花序

示果荚

三点金

拉丁名： *Desmodium triflorum* (L.) DC.

波纳佩语： Kamelimel

多年生平卧草本。茎纤细，多分枝。叶为羽状三出复叶，小叶 3；小叶纸质，顶生小叶倒心形，长和宽为 2.5~10 毫米，先端宽截平而微凹入，基部楔形；小叶柄长 0.5~2 毫米。花单生或 2~3 朵簇生于叶腋；苞片狭卵形，长约 4 毫米，宽约 1.3 毫米，外面散生贴伏柔毛；花梗长 3~8 毫米；花萼长约 3 毫米，密被白色长柔毛，5 深裂，裂片狭披针形；花冠紫红色，旗瓣倒心形，基部渐狭，具长瓣柄，翼瓣椭圆形，具短瓣柄，龙骨瓣弯曲，具长瓣柄；雄蕊二体；雌蕊长约 4 毫米，子房线形。荚果扁平，狭长圆形，长 5~12 毫米，宽 2.5 毫米，腹缝线直，背缝线波状，有荚节 3~5 个，荚节近方形，长 2~2.5 毫米，被钩状短毛，具网脉。

分布： 波纳佩、雅浦、丘克、科斯雷。

利用： 天然草地的重要伴生种，牛羊喜采食，可作放牧利用。

假地豆

拉丁名：*Desmodium heterocarpon* (L.) DC.

波纳佩语：Kaamalimal, Kamelimel, Kehmelmel en nansapw

亚灌木。茎直立或平卧，高30~150厘米，基部多分枝。叶为羽状三出复叶，小叶3；小叶纸质，顶生小叶椭圆形，长2.5~6厘米，宽1.3~3厘米，侧生小叶通常较小；小托叶丝状，长约5毫米；小叶柄长1~2毫米，密被糙伏毛。总状花序顶生或腋生，长2.5~7厘米，总花梗密被淡黄色开展的钩状毛；花极密，每2朵生于花序的节上；苞片卵状披针形，被缘毛；花梗长3~4毫米；花萼长1.5~2毫米，钟形，4裂；花冠紫红色，长约5毫米，旗瓣倒卵状长圆形，翼瓣倒卵形，龙骨瓣极弯曲；雄蕊二体，长约5毫米；雌蕊长约6毫米。荚果密集，狭长圆形，长12~20毫米，宽2.5~3毫米，有荚节4~7个，荚节近方形。

分布：雅浦、科斯雷。

利用：饲用价值较高的豆科植物，可用于放牧利用或刈割利用。

植株

花序

荚果

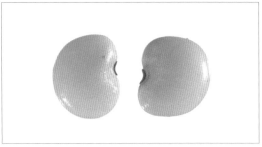

种子

印加山蚂蝗

拉丁名：*Desmodium incanum* (Sw.) DC.

英文名：Kaimi clover, Spanish clover, Tick trefoil

亚灌木。茎直立或平卧，高达 10~60 厘米，茎被短腺毛。叶为羽状三出复叶，小叶 3；小叶纸质，顶生小叶椭圆形，长 4~9 厘米，宽 1.5~4.5 厘米，侧脉明显，上面具粗糙小钩毛，下面密被细毛；侧生小叶较小，椭圆形，长 1~4 厘米，宽 1~3 厘米。总状花序顶生，5~12 厘米长，总花梗具钩毛，花梗长 3~10 毫米长；花冠粉红色到紫色。荚果被短钩毛，长 2~4 厘米，宽约 3 毫米，具 3~8 个荚节。

植株

分布：波纳佩、雅浦、丘克、科斯雷。

利用：饲用价值较高的豆科植物，可用于放牧利用或刈割利用。

花序

果荚

南美山蚂蝗

拉丁名: *Desmodium tortuosum* (Sw.) DC.

英文名: Beggarweed, Dixie ticktrefoil, Florida beggarweed

多年生直立草本，高达 1 米。茎具条纹，被灰黄色小钩状毛。叶为羽状三出复叶，有小叶 3；托叶宿存，披针形，长 5~8 毫米；叶柄长 1~8 厘米；叶轴长 0.5~2 厘米；小叶纸质，椭圆形，顶生小叶有时为菱状卵形，长 3~8 厘米，宽 1.5~3 厘米，侧生小叶多为卵形，长 2.5~4 厘米，宽 1~2.5 厘米。总状花序顶生或腋生；总花梗密被小钩状毛和腺毛；苞片狭卵形，长 3~6.5 毫米，宽 0.5~1.5 毫米；花 2 朵生于每节上；花梗丝状，长 0.5~1.3 厘米；花萼长 3~4 毫米，5 深裂；花冠红色、白色或黄色，旗瓣倒卵形，长 2.5~3.5 毫米，宽 2 毫米，翼瓣长圆形，长 2.5~3.5 毫米，龙骨瓣斜长圆形，长 3~4 毫米，宽 1 毫米，具瓣柄；雄蕊二体；子房线形，被毛。荚果窄长圆形，长 1.5~2 厘米，腹背两缝线于节间缢缩而呈念珠状，有荚节 5~7 个，荚节近圆形，长 3~5 毫米，宽 2.5~4 毫米。

分布: 科斯雷。

利用: 饲用价值较高的豆科植物，可用于放牧利用或刈割利用。

植株

示托叶

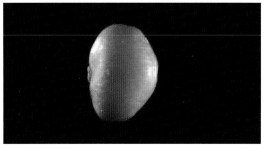

种子

异叶山蚂蝗

拉丁名：*Desmodium heterophyllum* (Willd.) DC.

英文名：Hetero, Spanish clover, Variable-leaf ticktrefoil

平卧草本，高 10~70 厘米。叶为羽状三出复叶，小叶 3，在茎下部有时为单小叶；叶柄长 5~15 毫米，上面具沟槽，疏生长柔毛；小叶纸质，长 1~3 厘米，宽 0.8~1.5 厘米，侧生小叶长椭圆形，长 1~2 厘米，有时更小。花单生或成对生于腋内；花梗长 10~25 毫米；花萼宽钟形，长约 3 毫米；花冠紫红色至白色，长约 5 毫米，旗瓣宽倒卵形，翼瓣倒卵形或长椭圆形，具短耳，龙骨瓣稍弯曲，具短瓣柄；雄蕊二体，长约 4 毫米；雌蕊长约 5 毫米，子房被贴伏柔毛。荚果长 12~18 毫米，宽约 3 毫米，窄长圆形，直或略弯曲，腹缝线劲直，背缝线深波状，有荚节 3~5 个，扁平，荚节宽长圆形或正方形，长 3.5~4 毫米，老时近无毛，有网脉。

分布：波纳佩。

利用：天然草地的常见伴生种，可作放牧利用。

植株

叶片

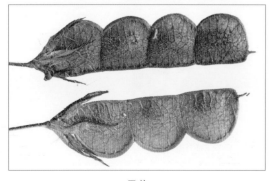

果荚

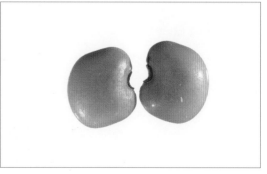

种子

有钩柱花草

拉丁名：*Stylosanthes hamata* (L.) Taub.

英文名：Caribbean stylo, Caribbean stylo

草本或亚灌木，枝匍匐或上升，稀疏被毛，高 10~50 厘米。羽状复叶具 3 小叶；托叶与叶柄贴生成鞘，长 4~12 毫米，宿存；无小托叶；中间小叶卵形，椭圆形，或披针形，长 8~14 毫米，宽 3~5 毫米，基部楔形，边缘有毛，顶端急尖和短尖；两侧小叶较小。花序腋生或顶生，长 1~1.5 厘米，具 2~10 朵小花。总苞片 1~1.2 厘米，被毛；小苞片 2~3.5 毫米。花冠黄色，带有红色条纹；雄蕊 10，单体，下部闭合呈筒状；子房线形，无柄，花柱细长，柱头极小，顶生。荚果小，扁平，长圆形或椭圆形，先端具长弯喙，具荚节 1~2 个，果瓣具粗网脉或小疣凸；种子近卵形，种脐常偏位，具种阜。

分布：波纳佩。

利用：饲用价值较高的豆科植物，可用于放牧利用或刈割利用。

植株

果荚

花序

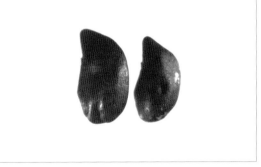

种子

合 萌

拉丁名：*Aeschynomene indica* L.

波纳佩语：Ikin sihk

一年生草本，茎直立，高 0.3~1 米。叶具 20~30 对小叶或更多；托叶膜质，卵形至披针形，长约 1 厘米；小叶近无柄，长 5~10 毫米，宽 2~2.5 毫米，上面密布腺点。总状花序比叶短，长 1.5~2 厘米；总花梗长 8~12 毫米；花梗长约 1 厘米；小苞片卵状披针形，宿存；花萼膜质，具纵脉纹，长约 4 毫米；花冠淡黄色，旗瓣大，近圆形，基部具极短的瓣柄；雄蕊二体；子房扁平，线形。荚果线状长圆形，直或弯曲，长 3~4 厘米，宽约 3 毫米，腹缝直，背缝多少呈波状；荚节 4~8 个，平滑或中央有小疣凸，不开裂，成熟时逐节脱落；种子黑棕色，肾形，长 3~3.5 毫米，宽 2.5~3 毫米。

分布：波纳佩、雅浦。

利用：饲用价值较高的豆科植物，可用于放牧利用或刈割利用。

荚果局部

植株

种子

美洲合萌

拉丁名：*Aeschynomene americana* L.

英文名：American joint vetch

一年生或短期多年生灌木状草本，根系发达；茎直立，分枝能力强，分枝数 30~50，株高 0.7~2 米，茎粗 3~9 毫米，茎枝被绒毛。偶数羽状复叶，互生，长 2~15 厘米，宽 5~25 毫米，小叶 2 排，每排 10~33 对。花序腋生，总花梗有疏刺毛，具花 2~4 朵；花萼 2 唇形，花浅黄色，长约 8 毫米，子房具柄，有胚珠 2 至多颗；荚果扁平，长 2~4 厘米，宽约 3 毫米，有 4~10 个荚节，成熟后容易脱落，内含种子 5~8 粒，种子深褐色或黑色，肾形，长 2 毫米，宽 1 毫米。

分布：雅浦、科斯雷。

利用：饲用价值较高的豆科植物，可用于放牧利用或刈割利用。

植株局部

株丛

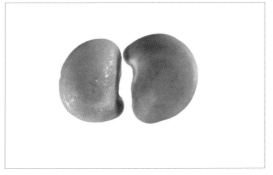

种子

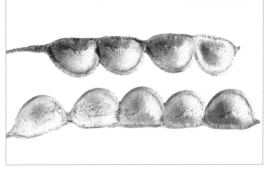

果荚

落花生

拉丁名：*Arachis hypogaea* L.

一年生草本。茎直立或匍匐，长 30~80 厘米。叶通常具小叶 2 对；托叶长 2~4 厘米；叶柄基部抱茎，长 5~10 厘米；小叶纸质，卵状长圆形至倒卵形，长 2~4 厘米，宽 0.5~2 厘米；小叶柄长 2~5 毫米，被黄棕色长毛；花长约 8 毫米；苞片 2，披针形；小苞片披针形，长约 5 毫米，具纵脉纹，被柔毛；萼管细，长 4~6 厘米；花冠黄色或金黄色，旗瓣直径 1.7 厘米，开展，先端凹入；翼瓣与龙骨瓣分离，翼瓣长圆形或斜卵形，细长；龙骨瓣长卵圆形，内弯，先端渐狭成喙状，较翼瓣短；花柱延伸于萼管咽部之外，柱头顶生，疏被柔毛。荚果长 2~5 厘米，宽 1~1.3 厘米，膨胀，荚厚，种子横径 0.5~1 厘米。

分布：雅浦有栽培。

利用：落花生的秸秆牛羊等家畜均喜食，饲用价值极高。

植株

大叶千斤拔

拉丁名：*Flemingia macrophylla* (Willd.) Prain

直立灌木，高 0.8~2.5 米。叶具指状 3 小叶：托叶大，披针形，长可达 2 厘米；叶柄长 3~6 厘米，具狭翅；小叶纸质或薄革质，顶生小叶宽披针形至椭圆形，长 8~15 厘米，宽 4~7 厘米；侧生小叶稍小，偏斜，基部一侧圆形，另一侧楔形；基出脉 2~3；小叶柄长 2~5 毫米，密被毛。总状花序常数个聚生于叶腋，长 3~8 厘米；花萼钟状，长 6~8 毫米，被丝质短柔毛，花序轴、苞片、花梗均密被灰色至灰褐色柔毛；花冠紫红色，旗瓣长椭圆形，具短瓣柄及 2 耳，翼瓣狭椭圆形，龙骨瓣长椭圆形，先端微弯；雄蕊二体；子房椭圆形。荚果椭圆形，长 1~1.6 厘米，宽 7~9 毫米，褐色，略被短柔毛，先端具小尖喙；种子 1~2 颗。

分布：雅浦、科斯雷。

利用：饲用价值较高的豆科植物，可用于放牧利用或刈割利用。

植株

果荚

花序

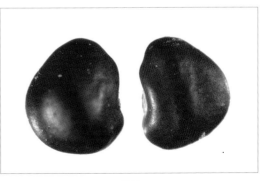

种子

球穗千斤拔

拉丁名： *Flemingia strobilifere* (L.) Ait. f.

英文名： Luck plant, Wild hops

直立灌木，高 0.3~3 米。单叶互生，近革质，长 6~15 厘米，宽 3~7 厘米，先端渐尖、钝或急尖，基部圆形或微心形，两面除中脉或侧脉外无毛或几无毛；叶柄长 0.3~1.5 厘米，密被毛；托叶线状披针形，长 0.8~1.8 厘米。小聚伞花序包藏于贝状苞片内，再排成总状或复总状花序，花序长 5~11 厘米，序轴密被灰褐色柔毛；贝状苞片纸质至近膜质，长 1.2~3 厘米，宽 2~4.4 厘米。花小；花梗长 1.5~3 毫米；花萼微被短柔毛。萼齿卵形，略长于萼管，花冠伸出萼外。荚果椭圆形，膨胀，长 6~10 毫米，宽 4~5 毫米，略被短柔毛，种子 2 颗，近球形，常黑褐色。

植株

分布： 雅浦。

利用： 饲用价值较高的豆科植物，可用于放牧利用或刈割利用。

示叶片

花

猪屎豆

拉丁名：*Crotalaria pallida* Aiton

丘克语：Afalafal

波纳佩语：Kandalahria, Klodalahria wah tikitik, Krodalaria

多年生草本，或呈灌木状；茎枝圆柱形，具小沟纹，密被紧贴的短柔毛。叶三出，柄长 2~4 厘米；小叶长圆形或椭圆形，长 3~6 厘米，宽 1.5~3 厘米；小叶柄长 1~2 毫米。总状花序顶生，长达 25 厘米，有花 10~40 朵；苞片线形，长约 4 毫米；花梗长 3~5 毫米；花萼近钟形，长 4~6 毫米，五裂；花冠黄色，伸出萼外，旗瓣圆形或椭圆

种子

形，直径约 10 毫米，基部具胼胝体二枚，翼瓣长圆形，长约 8 毫米，下部边缘具柔毛，龙骨瓣最长，约 12 毫米；子房无柄。荚果长圆形，长 3~4 厘米，径 5~8 毫米，幼时被毛，成熟后脱落，果瓣开裂后扭转；种子 20~30 颗。

分布：波纳佩、雅浦、丘克、科斯雷。

利用：通常作为绿肥使用。

植株　　　　　　　　　　花序　　　　　　幼果

圆叶猪屎豆

拉丁名： *Crotalaria incana* L.

英文名： Fuzzy rattlebox, Fuzzy rattlepod

亚灌木，高达 1 米；茎枝被棕黄色开展的短柔毛。叶三出，柄长 3~5 厘米，小叶质薄，椭圆状倒卵形，先端钝圆，具短尖头，基部近圆或阔楔形，长 2~4 厘米，宽 1~2 厘米，上面近无毛，下面被短柔毛；顶生小叶通常比侧生小叶大；小叶柄长 1~3 毫米。总状花序顶生或腋生，长 10~20 厘米，有花 5~15 朵；花梗长 3~4 毫米；花萼近钟形，长 6~8 毫米，五裂，萼齿披针形，长于萼筒，被柔毛；花冠黄色，旗瓣椭圆形，长 8~10 毫米，先端具束状柔毛，基部胼胝体明显，垫状，翼瓣长圆形，长 8~10 毫米，龙骨瓣约与翼瓣等长，中部以上变窄，形成长喙。荚果长圆形，密被锈色柔毛，上部稍偏斜，长 2~3 厘米，径 7~10 毫米；果颈长约 2 毫米；种子 20~30 颗。

分布： 波纳佩。

利用： 通常作为绿肥使用。

植株

幼果

花序

大猪屎豆

拉丁名：*Crotalaria assamica* Benth.

英文名：Indian rattlebox

种子

直立高大草本，高达 1.5 米；茎枝粗状，圆柱形，被锈色柔毛。托叶细小，线形，贴伏于叶柄两旁；单叶，叶片质薄，倒披针形或长椭圆形，先端钝圆，具细小短尖，基部楔形，长 5~15 厘米，宽 2~4 厘米，上面无毛，下面被锈色短柔毛；叶柄长 2~3 毫米，总状花序顶生或腋生，有花 20~30 朵；苞片线形，长 2~3 毫米，小苞片与苞片的形状相似，通常稍短；花萼二唇形，长 10~15 毫米，萼齿披针状三角形，与萼筒等长，被短柔毛；花冠黄色，旗瓣圆形或椭圆形，长 15~20 毫米，基部具胼胝体二枚，先端微凹或圆，翼瓣长圆形，长 15~18 毫米，龙骨瓣弯曲，中部以上变狭形成长喙，伸出萼外；子房无毛。荚果长圆形，长 4~6 厘米，径约 1.5 厘米，果颈长约 5 毫米；种子 20~30 颗。花果期 5—12 月。

分布：科斯雷。

利用：通常作为绿肥使用。

植株

花序

果荚

鸡眼草

拉丁名：*Kummerowia striata* (Thunb.) Schindl.

一年生披散或平卧草本。叶为三出羽状复叶；托叶大，膜质，卵状长圆形，比叶柄长；小叶纸质，倒卵形，长 6~22 毫米，宽 3~8 毫米；两面沿中脉及边缘有白色粗毛。花小，单生或 2~3 朵簇生于叶腋；花梗下端具 2 枚大小不等的苞片，萼基部具 4 枚小苞片；花萼钟状，带紫色，5 裂，裂片宽卵形；花冠粉红色或紫色，长 5~6 毫米，旗瓣椭圆形，下部渐狭成瓣柄，具耳，龙骨瓣比旗瓣稍长或近等长，翼瓣比龙骨瓣稍短。荚果圆形或倒卵形，稍侧扁，长 3.5~5 毫米，较萼稍长或长达 1 倍，先端短尖，被小柔毛。

分布：波纳佩、雅浦、丘克、科斯雷。

利用：饲用价值较高的豆科植物，可放牧利用。

株丛

叶片

花序局部

果荚

木 豆

拉丁名：*Cajanus cajan* (L.) Millsp.

英文名：Congo pea, Pigeon pea, Red gram

直立灌木，1~3 米。叶具羽状 3 小叶；叶柄长 1.5~5 厘米，上面具浅沟，下面具细纵棱；小叶纸质，长 5~10 厘米，宽 1.5~3 厘米，上面被极短的灰白色短柔毛，下面呈灰白色。总状花序长 3~7 厘米；总花梗长 2~4 厘米；花数朵生于花序顶部或近顶部；苞片卵状椭圆形；花萼钟状，长达 7 毫米；花冠黄色，长约为花萼的 3 倍，旗瓣近圆形，背面有紫褐色纵线纹，基部有附属体及内弯的耳，翼瓣微倒卵形，有短耳，龙骨瓣先端钝，微内弯；雄蕊二体；子房被毛，有胚珠数颗，花柱长、线状、无毛，柱头头状。荚果线状长圆形，长 4~7 厘米，宽 6~11 毫米，于种子间具明显凹入的斜横槽，被灰褐色短柔毛；种子 3~6 颗，近圆形，稍扁，种皮暗红色，有时有褐色斑点。

分布：雅浦有栽培。

利用：饲用价值较高的豆科植物，可用于放牧利用或刈割利用。

花序

植株

种子

紫花大翼豆

拉丁名：*Macroptilium atropurpureum* (DC.) Urban

英文名：Purple bushbean, Purple-bean

多年生蔓生草本。茎被短柔毛，逐节生根。羽状复叶具 3 小叶；托叶卵形，长 4~5 毫米，被长柔毛；小叶卵形至菱形，长 1.5~7 厘米，宽 1.3~5 厘米，有时具裂片，侧生小叶偏斜，外侧具裂片，先端钝或急尖，基部圆形，上面被短柔毛，下面被银色茸毛；叶柄长 0.5~5 厘米。花序轴长 1~8 厘米，总花梗长 10~25 厘米；花萼钟状，长约 5 毫米，被白色长柔毛，具 5 齿；花冠深紫色，旗瓣长 1.5~2 厘米，具长瓣柄。荚果线形，长 5~9 厘米，顶端具喙尖，具种子 12~15 颗；种子长圆状椭圆形，长 4 毫米，具棕黑色大理石花纹，具凹痕。

分布：波纳佩、雅浦。

利用：饲用价值较高的豆科植物，可用于放牧利用或刈割利用。

株丛

花

种子

扁 豆

拉丁名：*Lablab purpureus* (L.) Sweet Hort.

英文名：Bonavist, Bonavist-bean, Dolichos

缠绕藤本。羽状复叶具 3 小叶；托叶基着，披针形；小托叶线形，长 3~4 毫米；小叶宽三角状卵形，长 6~10 厘米。总状花序直立，长 15~25 厘米；小苞片 2，近圆形，长 3 毫米，脱落；花 2 至多朵簇生于每一节上；花冠白色或紫色，旗瓣圆形，基部两侧具 2 枚长而直立的小附属体，龙骨瓣呈直角弯曲，基部渐狭成瓣柄；子房线形。荚果长圆状镰形，长 5~7 厘米；种子 3~5 颗，扁平。

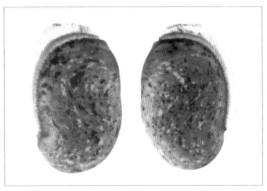

种子

分布：雅浦有栽培。

利用：饲用价值较高的豆科植物，可刈割利用。

植株

示花与果荚

四棱豆

拉丁名：*Psophocarpus tetragonolobus* (L.) DC.

一年生攀援草本。羽状复叶；叶柄长，上有深槽，基部有叶枕；小叶卵状三角形，长 4~15 厘米，宽 3.5~12 厘米。总状花序腋生，长 1~10 厘米，有花 2~10 朵；总花梗长 5~15 厘米；小苞片近圆形，直径 2.5~4.5 毫米；花萼绿色，钟状，长约 1.5 厘米；旗瓣圆形，直径约 3.5 厘米，翼瓣倒卵形，长约 3 厘米，浅蓝色，瓣柄中部具丁字着生的耳，龙骨瓣稍内弯，基部具圆形的耳。荚果四棱状，长 10~25 厘米，宽 2~3.5 厘米，绿色，翅宽 0.3~1 厘米，边缘具锯齿；种子 8~17 颗，白色，黄色，棕色，黑色或杂以各种颜色，近球形，直径 0.6~1 厘米，光亮，边缘具假种皮。

分布：雅浦有栽培。

利用：其秸秆的饲用价值高。

植株

示花序、果荚及叶片

种子

豇 豆

拉丁名： *Vigna unguiculata* (L.) Walp.

一年生缠绕草质藤本。羽状复叶具 3 小叶；托叶披针形，长约 1 厘米；小叶卵状菱形，长 5~15 厘米，宽 4~6 厘米，先端急尖，边全缘或近全缘，有时淡紫色，无毛。总状花序腋生，具长梗；花 2~6 朵聚生于花序的顶端，花梗间常有肉质密腺；花萼浅绿色，钟状，长 6~10 毫米，裂齿披针形；花冠黄白色而略带青紫，长约 2 厘米，各瓣均具瓣柄，旗瓣扁圆形，宽约 2 厘米，顶端微凹，基部稍有耳，翼瓣略呈三角形，龙骨瓣稍弯；子房线形，被毛。荚果下垂，直立或斜展，线形，长 7.5~70 厘米，宽 6~10 毫米，稍肉质而膨胀或坚实，有种子多颗；种子长椭圆形或圆柱形，长 6~12 毫米，黄白色、暗红色。

分布： 雅浦和科斯雷有栽培。

利用： 其秸秆的饲用价值高。

花特写

植株

滨豇豆

拉丁名： *Vigna marina* (Burm.) Merr.

多年生匍匐草本。羽状复叶具 3 小叶；托叶基着，卵形，长 3~5 毫米；小叶近革质，长 3.5~9.5 厘米，宽 2.5~9.5 厘米；叶柄长 1.5~11.5 厘米，叶轴长 0.5~3 厘米。总状花序长 2~4 厘米，被短柔毛；总花梗长 3~13 厘米，有时增粗；花梗长 4.5~6 毫米；小苞片披针形，长 1.5 毫米，早落；花萼管长 2.5~3 毫米，无毛，裂片三角形，长 1~1.5 毫米，上方的一对连合成全缘的上唇，具缘毛；花冠黄色，旗瓣倒卵形，长 1.2~1.3 厘米，宽 1.4 厘米；翼瓣及龙骨瓣长约 1 厘米。荚果线状长圆形，微弯，肿胀，长 3.5~6 厘米，宽 8~9 毫米，嫩时被稀疏微柔毛，老时无毛，种子间稍收缩；种子 2~6 颗，黄褐色或红褐色，长圆形，长 5~7 毫米，宽 4.5~5 毫米，种脐长圆形，一端稍狭，种脐周围的种皮稍隆起。

分布： 波纳佩、雅浦、丘克、科斯雷。

利用： 饲用价值较高的豆科植物，可用于放牧利用或刈割利用。

株丛

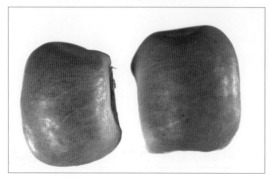

种子

示花与果荚

蝶 豆

拉丁名：*Clitoria ternatea* L.

攀援状草质藤本。羽状复叶长 2.5~5 厘米；叶柄长 1.5~3 厘米；小叶长 5~7 厘米，薄纸质或近膜质，宽椭圆形或有时近卵形，长 2.5~5 厘米，宽 1.5~3.5 厘米；小托叶小，刚毛状；小叶柄长 1~2 毫米。花大，单朵腋生；花萼膜质，长 1.5~2 厘米，有纵脉，5 裂，裂片披针形，长不及萼管的 1/2；先端具凸尖；花冠蓝色，长可达 5.5 厘米，旗瓣宽倒卵形，直径约 3 厘

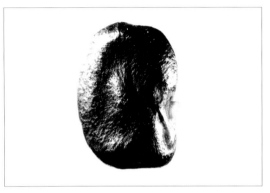

种子

米，基部渐狭，具短瓣柄，翼瓣与龙骨瓣远较旗瓣为小，均具柄，翼瓣倒卵状长圆形，龙骨瓣椭圆形；雄蕊二体；子房被短柔毛。荚果长 5~11 厘米，宽约 1 厘米，扁平，具长喙，有种子 6~10 颗；种子长圆形，长约 6 毫米，宽约 4 毫米，黑色，具明显种阜。

分布：雅浦有栽培。

利用：通常作为观赏种植，亦可作为饲用利用。

植株

花

小刀豆

拉丁名： *Canavalia cathartica* Thou.

草质藤本。羽状复叶具 3 小叶；托叶小，胼胝体状；小托叶微小，极早落。小叶纸质，卵形，长 6~10 厘米，宽 4~9 厘米；叶柄长 3~8 厘米；小叶柄长 5~6 毫米，被绒毛。花 1~3 朵生于花序轴的每一节上；花梗长 1~2 毫米；萼近钟状，长约 12 毫米，被短柔毛，上唇 2 裂齿阔而圆，远较萼管为短，下唇 3 裂齿较小；花冠粉红色或近紫色，长 2~2.5 厘米，旗瓣圆形，长约 2 厘米，宽约 2.5 厘米，顶端凹入，近基部有 2 枚痂状附属体，无耳，具瓣柄，翼瓣与龙骨瓣弯曲，长约 2 厘米；子房被绒毛，花柱无毛。荚果长圆形，长 7~9 厘米，宽 3.5~4.5 厘米，膨胀，顶端具喙尖；种子椭圆形，长约 18 毫米，宽约 12 毫米，种皮褐黑色，硬而光滑，种脐长 13~14 毫米。

分布： 雅浦州外岛。

利用： 饲用价值较高的豆科植物，可用于放牧利用或刈割利用。

植株局部

果荚

毛蔓豆

拉丁名：*Calopogonium mucunoides* Desv.

波纳佩名：Kalopo

雅浦名：Lagathulip nuop

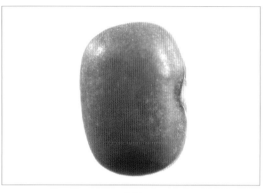

种子

缠绕草本，全株被长硬毛。羽状复叶具 3 小叶；托叶三角状披针形，长 4~5 毫米；叶柄长 4~12 厘米；侧生小叶卵形，中央小叶卵状菱形，长 4~10 厘米，宽 2~5 厘米。花序有花 5~6 朵；苞片和小苞片线状披针形，长 5 毫米；花簇生于花序轴的节上；萼管近无毛，裂片长于萼管，线状披针形，密被长硬毛；花冠淡紫色，翼瓣倒卵状长椭圆形，龙骨瓣劲直，耳较短；花药圆形；子房密被长硬毛，有胚珠 5~6 颗。荚果线状长椭圆形，长 2~4 厘米，宽约 4 毫米，劲直或稍弯，被褐色长刚毛；种子 5~6 颗，长 2.5 毫米，宽 2 毫米。

分布：波纳佩、雅浦。

利用：饲用价值较高的豆科植物，可用于放牧利用或刈割利用，亦可作为绿肥利用。

株丛

果荚

大花田菁

拉丁名：*Sesbania grandiflora* (L.) Pers.

波纳佩名：Pakphul

小乔木。羽状复叶，长 20~40 厘米；叶轴圆柱，幼时密被毛，后变无毛；小叶 10~30 对，长圆形至长椭圆形，长 2~5 厘米，宽 8~16 毫米。总状花序长 4~7 厘米，下垂，具 2~4 朵花；花大，长 7~10 厘米，在花蕾时显著呈镰状弯曲；花萼绿色，长 1.8~2.9 厘米；花冠粉红色至玫瑰红色，旗瓣长圆状倒卵形至阔卵形，长 5~7.5 厘米，宽 3.5~5 厘米，翼瓣镰状长卵形，长约 5 厘米，宽约 2 厘米，先端钝，柄长约 2 厘米；龙骨瓣弯曲，长约 5 厘米；雄蕊二体；雌蕊线形，长约 8 厘米，扁平，镰状弯曲，无毛，具子房柄，柱头稍膨大。荚果线形，稍弯曲，下垂，长 20~60 厘米，宽 7~8 毫米，厚约 8 毫米，先端渐狭成喙，长 3~4 厘米，果颈长约 5 厘米，熟时缝线处有棱，开裂，种子红褐色，稍有光泽，椭圆形至近肾形，肿胀，稍扁，长约 6 毫米，宽 3~4 厘米，种脐圆形，微凹。花果期 9 月至翌年 4 月。

分布：波纳佩、雅浦有栽培。

利用：通常作为观赏种植。其枝叶可作为绿肥使用或用作饲用。

植株

花

田 菁

拉丁名：*Sesbania cannabina* (Retz.) Poir.

一年生草本。羽状复叶具小叶 20~30 对。总状花序长 3~10 厘米，具 2~6 朵花，疏松；总花梗及花梗纤细，下垂；苞片线状披针形，小苞片 2 枚；花萼斜钟状，长 3~4 毫米；花冠黄色，旗瓣横椭圆形至近圆形，长 9~10 毫米，翼瓣倒卵状长圆形，宽约 3.5 毫米，龙骨瓣较翼瓣短；雄蕊二体；雌蕊无毛，柱头头状，顶生。荚果细长，长圆柱形，长 12~22 厘米，宽 2.5~3.5 毫米，微弯，外面具黑褐色斑纹，喙尖，长 5~7（~10）毫米，果颈长约 5 毫米，开裂，种子间具横膈，有种子 20~35 粒；种子绿褐色，有光泽，短圆柱状，长约 4 毫米，径 2~3 毫米，种脐圆形，稍偏于一端。

分布：波纳佩、雅浦、丘克、科斯雷。

利用：通常作为绿肥使用，家畜偶有采食。

种子

植株

花序

鼠尾粟

拉丁名: *Sporobolus fertilis* (Steud.) W. D. Clayt.

多年生。秆直立，丛生，高 25~120 厘米。叶鞘疏松裹茎，平滑无毛或其边缘稀具极短的纤毛；叶舌极短，纤毛状；叶片平滑无毛，通常内卷，少数扁平，先端长渐尖，长 15~65 厘米，宽 2~5 毫米。圆锥花序较紧缩，常间断，长 7~44 厘米，宽 0.5~1.2 厘米，分枝稍坚硬，直立，与主轴贴生或倾斜，通常长 1~2.5 厘米，基部者较长；小穗灰绿色且略带紫色，长 1.7~2 毫米；颖膜质，第一颖小，长约 0.5 毫米，先端尖或钝，具 1 脉；外稃等长于小穗，先端稍尖，具 1 中脉及 2 不明显侧脉；雄蕊 3，花药黄色，长 0.8~1 毫米。囊果成熟后红褐色，明显短于外稃和内稃，长 1~1.2 毫米，长圆状倒卵形或倒卵状椭圆形，顶端截平。

分布: 雅浦。

利用: 天然草地中常见植物，通常会形成较高密度的小居群。是适口性较好的禾本科饲用植物，适于放牧利用。

株丛

花序

牛筋草

拉丁名：*Eleusine indica* (L.) Gaertn.

波纳佩名：Rehtakai, Resahkai

雅浦名：Gucurum

一年生草本。秆丛生，基部倾斜，高10~90厘米。叶鞘两侧压扁而具脊，松弛，无毛或疏生疣毛；叶舌长约1毫米；叶片平展，线形，长10~15厘米，宽3~5毫米。穗状花序2~7个指状着生于秆顶，长3~10厘米，宽3~5毫米；小穗长4~7毫米，宽2~3毫米，含3~6朵小花；颖披针形，具脊；第一颖长1.5~2毫米；第二颖长2~3毫米；第一外稃长3~4毫米，卵形，膜质，具脊，脊上有狭翼，内稃短于外稃，具2脊，脊上具狭翼。囊果卵形，长约1.5毫米。

分布：波纳佩、雅浦、丘克、科斯雷。

利用：天然草地中常见植物，适于放牧利用。

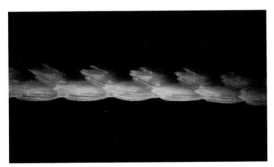

花序局部

植株

花序

芦 竹

拉丁名：*Arundo donax* L.

英文名：Bamboo reed, Giant reed

多年生，具发达根状茎。秆粗大直立，高 3~6 米。叶鞘长于节间；叶舌截平，长约 1.5 毫米，先端具短纤毛；叶片扁平，长 30~50 厘米，宽 3~5 厘米，上面与边缘微粗糙，基部白色，抱茎。圆锥花序极大型，长 30~60 厘米，宽 3~6 厘米；小穗长 10~12 毫米；含 2~4 小花；外稃中脉延伸成 1~2 毫米之短芒，背面中部以下密生长柔毛，毛长 5~7 毫米，基盘长约 0.5 毫米，两侧上部具短柔毛，第一外稃长约 1 厘米；内稃长约为外稃之半；雄蕊 3 枚，颖果细小黑色。

小穗

分布：波纳佩、科斯雷。

利用：幼嫩枝叶牛喜采食。

植株

鼠妇草

拉丁名：*Eragrostis atrovirens* (Desf.) Trin. ex Steud.

英文名：Thalia love grass

小穗

多年生。秆直立，疏丛生，基部稍膝曲，高 50~100 厘米。叶鞘除基部外，均较节间短，光滑，鞘口有毛；叶片扁平或内卷，长 4~17 厘米，宽 2~3 毫米。圆锥花序开展，长 5~20 厘米，宽 2~4 厘米，每节有一个分枝，穗轴下部往往有 1/3 左右裸露；小穗柄长 0.5~1 厘米，小穗窄矩形，深灰色或灰绿色，长 5~10 毫米，宽约 2.5 毫米；颖具 1 脉，第一颖长约 1.2 毫米，卵圆形，先端尖；第二颖长约 2 毫米，长卵圆形，先端渐尖；第一外稃长约 22 毫米，广卵形，先端尖，具 3 脉，侧脉明显；内稃长约 1.8 毫米，脊上有疏纤毛，与外稃同时脱落；花药长约 0.8 毫米。颖果长约 1 毫米。

分布：波纳佩、雅浦。

利用：天然草地中常见植物，通常会形成较高密度的小居群。是适口性较好的禾本科饲用植物，适于放牧利用。

株丛

花序

牛虱草

拉丁名： *Eragrostis unioloides* (Retz.) Nees ex Steud.

英文名： Chinese lovegrass

多年生。秆直立或下部膝曲，高
20~60 厘米。叶鞘松裹；叶片平展，近披
针形，先端渐尖，长 2~20 厘米，宽 3~6
毫米。圆锥花序开展，长圆形，长 5~20 厘
米，宽 3~5 厘米；小穗柄长 0.2~1 厘米；
小穗长圆形，长 5~10 毫米，宽 2~4 毫米，
含小花 10~20 朵；小花覆瓦状排列，成熟
时开展并呈紫色；小穗轴宿存；颖披针形，
先端尖，具 1 脉，第一颖长 1.5~2 毫米，
第二颖长 2~2.5 毫米；第一外稃长约 2 毫

小穗

米，广卵圆形，侧脉明显隆起，先端急尖；内稃稍短于外稃，长约 1.8 毫米，具 2 脊，脊
上有纤毛，成熟时与外稃同时脱落；雄蕊 2 枚，花药紫，长约 0.5 毫米。颖果椭圆形，长
约 0.8 毫米。

分布： 科斯雷。

利用： 潮湿草地中常见植物，通常会形成较高密度的小居群。是适口性较好的禾本科
饲用植物，适于放牧利用。

株丛

示花序

酸模芒

拉丁名：*Centotheca lappacea* (L.) Desv.

波纳佩名：Reh

多年生短根茎草本。秆直立，高 40~100 厘米。叶鞘平滑，一侧边缘具纤毛；叶舌干膜质，长约 1.5 毫米；叶片长椭圆状披针形，长 6~15 厘米，宽 1~2 厘米。圆锥花序长 12~25 厘米；小穗柄生微毛，长 2~4 毫米；小穗含 2~3 小花，长约 5 毫米；颖披针形，具 3~5 脉，脊粗糙，第一颖长 2~2.5 毫米，第二颖长 3~3.5 毫米；第一外稃长约 4 毫米，具 7 脉，顶端具小尖头，第二与第三外稃长 3~3.5 毫米；内稃长约 3 毫米，狭窄，脊具纤毛；雄蕊 2 枚，花药长约 1 毫米。颖果椭圆形，长 1~1.2 毫米。胚长为果体的 1/3。

分布：波纳佩、雅浦、丘克、科斯雷。

利用：适口性较好的禾本科饲用植物，适于放牧或刈割利用。

植株

小穗

花序

结缕草

拉丁名： *Zoysia japonica* Steud.

英文名： Manila grass

多年生草本。具横走根茎，须根细弱。秆直立，高 15~20 厘米。叶鞘无毛；叶舌纤毛状，长约 1.5 毫米；叶片扁平或稍内卷，长 2.5~5 厘米，宽 2~4 毫米，表面疏生柔毛，背面近无毛。总状花序呈穗状，长 2~4 厘米，宽 3~5 毫米；小穗柄通常弯曲，长可达 5 毫米；小穗长 2.5~3.5 毫米，宽 1~1.5 毫米，卵形，淡黄绿色或带紫褐色，第一颖退化，第二颖质硬，略有光泽，具 1 脉，顶端钝头或渐尖，于近顶端处由背部中脉延伸成小刺芒；外稃膜质，长圆形，长 2.5~3 毫米；雄蕊 3 枚，花丝短，花药长约 1.5 毫米；花柱 2 个，柱头帚状，开花时伸出稃外。颖果卵形，长 1.5~2 毫米。

小穗

分布： 波纳佩、雅浦、丘克、科斯雷。

利用： 通常作为草坪草使用。

草坪

株丛

沟叶结缕草

拉丁名：*Zoysia matrella* (L.) Merr.

丘克名：Fatil

英文名：Manila grass

多年生草本。具横走根茎，须根细弱。秆直立，高 12~20 厘米，基部节间短，每节具一至数个分枝。叶鞘长于节间，除鞘口具长柔毛外，余无毛；叶舌短而不明显，顶端撕裂为短柔毛；叶片质硬，内卷，上面具沟，无毛，长可达 3 厘米，宽 1~2 毫米，顶端尖锐。总状花序呈柱形，长 2~3 厘米，宽约 2 毫米；小穗柄长约 1.5 毫米，紧贴穗轴；小穗长 2~3 毫米，宽约 1 毫米，卵状披针形，黄褐色或略带紫褐色；第一颖退化，第二颖革质，具 3 脉，沿中脉两侧压扁；外稃膜质，长 2~2.5 毫米，宽约 1 毫米；花药长约 1.5 毫米。颖果长卵形，棕褐色，长约 1.5 毫米。

分布：波纳佩、雅浦、丘克、科斯雷。

利用：通常作为草坪草使用，本种亦可作为饲草利用。

株丛

小穗

台湾虎尾草

拉丁名：*Chloris formosana* (Honda) Keng

一年生草本。高 20~70 厘米，光滑无毛。叶鞘两侧压扁，背部具脊，无毛；叶舌长 0.5~1 毫米；叶片线形，长可达 20 厘米，宽可达 7 毫米。穗状花序 4~11 枚，长 3~8 厘米；小穗长 2.5~3 毫米，含 1 孕性小花及 2 不孕小花；第一颖三角钻形，长 1~2 毫米，具 1 脉，被微毛；第二颖长椭圆状披针形，膜质，长 2~3 毫米，先端常具 2~3 毫米短芒或无芒；第一小花两性；内稃倒长卵形，透明膜质；第二小花有内

花序

稃，长约 1.5 毫米；第三小花仅存外稃，具长约 2 毫米的芒；不孕小花之间的小穗轴长 0.6~0.7 毫米，明显可见。颖果纺锤形，长约 2 毫米。

分布：波纳佩、雅浦、丘克、科斯雷。

利用：适口性较好的禾本科饲用植物，适于放牧利用。

植株

狗牙根

拉丁名：*Cynodon dactylon* (L.) Pers.

英文名：Bermuda grass, Bahama grass

低矮草本。秆细而坚韧，下部匍匐地面蔓延甚长，节上常生不定根。叶鞘微具脊，鞘口常具柔毛；叶舌仅为一轮纤毛；叶片线形，长 1~12 厘米，宽 1~3 毫米。穗状花序 2~3 枚，长 2~5 厘米；小穗灰绿色或带紫色，长 2~2.5 毫米，仅含 1 小花；颖长 1.5~2 毫米，第二颖稍长，均具 1 脉，背部成脊而边缘膜质；外稃具 3 脉，背部明显成脊，脊上被柔毛；内稃与外稃近等长，具 2 脉。鳞被上缘近截平；花药淡紫色；子房无毛，柱头紫红色。颖果长圆柱形。

小穗

分布：波纳佩、雅浦、丘克、科斯雷。

利用：属于适应性较强的禾本科植物，各种生境的天然草地中都有分布，其饲用和坪用价值均较高。

株丛

蒭雷草

拉丁名：*Thuarea involuta* (G. Forst.) R. Br. ex Sm.

多年生匍匐草本，节处向下生根。叶鞘松弛，长1~2.5厘米；叶舌极短；叶片披针形，长2~3.5厘米，宽3~8毫米，通常两面有细柔毛。穗状花序长1~2厘米；佛焰苞长约2厘米；穗轴叶状，两面密被柔毛，下部具1两性小穗，上部具4~5雄性小穗；两性小穗卵状披针形，长3.5~4.5毫米，含2小花；第一外稃草质，具5~7

花序

脉，内稃膜质，具2脉，有3雄蕊；第二外稃厚纸质，内稃具2脉；雄性小穗长圆状披针形，长3~4毫米；第一颖缺，第二颖草质，稍缺于小穗，背面有毛，具3~5脉；第一外稃纸质，具5脉，背面被毛，内稃膜质，具2脉，顶端2裂；雄蕊3枚，花药长1.8~2.2毫米；第二外稃纸质，具5脉；成熟后雄小穗脱落，叶状穗轴内卷包围结实小穗。

分布：波纳佩、雅浦、丘克、科斯雷。

利用：滨海沙生植物，匍匐性强，常形成坪状连片天然草地。可作为滨海沙地绿化或覆盖固沙的良好材料，也具有饲用价值，适于放牧利用。

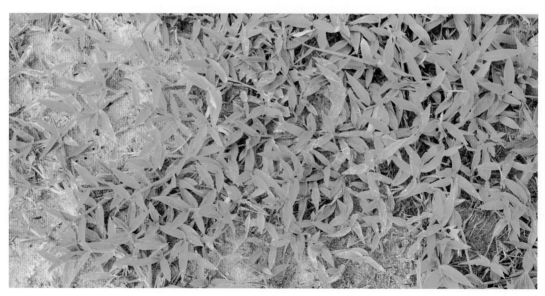

株丛

莠狗尾草

拉丁名： *Setaria geniculata* P. Beauv.

雅浦名： Gatewel

多年生草本。秆直立或基部膝曲，高 30~90 厘米。叶鞘压扁具脊；叶舌为一圈短纤毛；叶片质硬，常卷折呈线形，长 5~30 厘米，宽 2~5 毫米。圆锥花序稠密呈圆柱状，长 2~7 厘米，宽约 5 毫米，小穗椭圆形，长 2~2.5 毫米，先端尖。第一颖卵形，长为小穗的 1/3，先端尖，具 3 脉；第二颖宽卵形，长约为小穗的 1/2，具 5 脉，先端稍钝；第一外稃与小穗等长，具 5 脉，其内稃扁平薄纸质，明显窄于且略短于第二小花，具 2 脊，通常中性，少数有 3 枚雄蕊；第二小花两性，外稃软骨质或革质，具较细的横皱纹，先端尖，边缘狭内卷包裹同质扁平的内稃；鳞被楔形，顶端较平，具多数脉纹；花柱基部联合。

小穗

分布： 雅浦。

利用： 适口性较好的禾本科饲用植物，适于放牧利用或刈割利用。

居群

象　草

拉丁名: *Pennisetum purpureum* Schumach.

英文名: Elephant grass, Merker grass, Napier grass

波纳佩名: Poakso, Puk-soh

多年生大型草本。秆直立，高 2~4 米，节上光滑。叶鞘光滑或具疣毛；叶舌短小，具长 1.5~5 毫米纤毛；叶片线形，扁平，质较硬，长 20~50 厘米，宽 1~2 厘米。圆锥花序长 10~30 厘米，宽 1~3 厘米；主轴密生长柔毛；刚毛金黄色，长 1~2 厘米，生长柔毛而呈羽毛状；小穗通常单生或 2~3 簇生，披针形，长 5~8 毫米；第一颖长约 0.5 毫米或退化，先端钝或不等 2 裂，脉不明显；第二颖披针形，长约为小穗的 1/3，先端锐尖或钝，具 1 脉或无脉；第一小花中性或雄性，第一外稃长约为小穗的 4/5，具 5~7 脉；第二外稃与小穗等长，具 5 脉；鳞被 2；雄蕊 3 枚；花柱基部联合。

分布: 丘克、科斯雷。

利用: 产量高、品质好、适口性佳，牛羊等家畜均喜采食，属于优等禾本科饲用植物，适于栽培刈割利用。

示叶片

株丛

花序

牧地狼尾草

拉丁名：*Pennisetum polystachion* (L.) Schultes

波纳佩名：Poakso

多年生，短根茎禾草。秆丛生，高50~150厘米。叶鞘疏松，有硬毛，边缘具纤毛，老后常宿存基部；叶舌为一圈长约1毫米的纤毛；叶片线形，宽3~15毫米，多少有毛。圆锥花序为紧圆柱状，长10~25厘米，宽8~10毫米，黄色至紫色，成熟时小穗丛常反曲；刚毛不等长，外圈者较细短，内圈者有羽状绢毛，长可达1厘米；

居群

小穗卵状披针形，长3~4毫米，多少被短毛；第一颖退化；第二颖与第一外稃略与小穗等长，具5脉，先端3丝裂，第一内稃之二脊及先端有毛；第二外稃稍软骨质，短于小穗，长约2.4毫米。

分布：波纳佩、科斯雷。

利用：适口性佳，牛羊等家畜均喜采食，属于优等禾本科饲用植物，适于放牧利用。

花序

植株

蒺藜草

拉丁名: *Cenchrus echinatus* L.

英文名: Bur grass, Burgrass, Burr grass

一年生草本。秆高约 50 厘米。叶鞘松弛，压扁具脊，上部叶鞘背部具密细疣毛；叶舌具约 1 毫米的纤毛；叶片线形或狭长披针形，质较软，长 5~20 厘米，宽 4~10 米。总状花序直立，长 4~8 厘米，宽约 1 厘米；刺苞呈稍扁圆球形，长 5~7 毫米；小穗椭圆状披针形，顶端较长渐尖，含 2 小花；第一颖三角状披针形，长为小穗的 1/2；第二颖长为小穗的 3/4~2/3，具 5 脉；第一小花雄性或中性，第一外稃与小穗等长，第二小花两性，第二外稃具 5 脉，包卷同质的内稃，先端尖，成熟时质地渐变硬；鳞被缺如；花药长约 1 毫米；柱头帚刷状，长约 3 毫米。颖果椭圆状扁球形。

分布：波纳佩。

利用：适口性较好的禾本科饲用植物，适于放牧利用。

植株

花序

光头稗

拉丁名：*Echinochloa colona* (L.) Link

英文名：Awnless barnyard grass, Barnyard millet, Birds rice

一年生草本。秆直立，高 10~60 厘米。叶鞘压扁而背具脊，无毛；叶舌缺；叶片扁平，线形，长 3~20 厘米，宽 3~7 毫米。圆锥花序狭窄，长 5~10 厘米；主轴具棱。花序分枝长 1~2 厘米，排列稀疏，直立上升或贴向主轴，穗轴无疣基长毛或仅基部被 1~2 根疣基长毛；小穗卵圆形，长 2~2.5 毫米，具小硬毛，无芒，较规则的成四行排列于穗轴的一侧；第一颖三角形，长约为小穗的 1/2，具 3 脉；第二颖与第一外稃等长而同形，顶端具小尖头，具 5~7 脉，间脉常不达基部；第一小花常中性，其外稃具 7 脉，内稃膜质，稍短于外稃，脊上被短纤毛；第二外稃椭圆形，平滑，光亮，边缘内卷，包着同质的内稃；鳞被 2，膜质。

分布：雅浦、波纳佩。

利用：适口性较好的禾本科饲用植物，适于放牧利用。

花序

植株

小穗

竹叶草

拉丁名： *Oplismenus compositus* (L.) P. Beauv.

丘克名： Fatil

英文名： Armgrass, Basket grass, Running mountaingrass

多年生草本。秆较纤细，基部平卧地面，节着地生根，上升部分高 20~80 厘米。叶鞘短于或上部者长于节间；叶片披针形至卵状披针形，长 3~8 厘米，宽 5~20 毫米。圆锥花序长 5~15 厘米，主轴无毛或疏生毛；分枝互生而疏离，长 2~6 厘米；小穗孪生，长约 3 毫米；颖草质，近等长，长约为小穗的 1/2~2/3，边缘常被纤毛，第一颖先端芒长 0.7~2 厘米；第二颖顶端的芒长 1~2 毫米；第一小花中性，外稃革质，与小穗等长，先端具芒尖，具 7~9 脉，内稃膜质，狭小或缺；第二外稃革质，平滑，光亮，长约 2.5 毫米，边缘内卷，包着同质的内稃；鳞片 2，薄膜质，折叠；花柱基部分离。

分布： 丘克、科斯雷。

利用： 适口性较好的禾本科饲用植物，适于放牧利用。

植株

花序 小穗

短颖马唐

拉丁名：*Digitaria microbachne* (J. Presl) Henrard

多年生。秆基部横卧地面，节上生根，高达 1 米；叶鞘短于节间，多少被疣基糙毛；叶舌膜质，长 2~3 毫米；叶片宽线形，长 10~20 厘米，宽 4~12 毫米，顶端渐尖，边缘及两面粗糙。总状花序 7~9 枚，长 10 厘米左右，呈伞房状排列于茎顶延伸的主轴上，腋间无毛；穗轴宽约 1 毫米，具翼，边缘粗糙；小穗披针形，长约 3 毫米，孪生；第一颖不存在；第二颖长为小穗的 1/3 以下，具 1~3 脉或无脉，边缘具柔毛；第一外稃与小穗等长，具 5~7 脉，中央 3 脉明显，且脉间较宽而无毛，边缘被长柔毛；第二外稃浅绿色。

分布：波纳佩。

利用：适口性较好的禾本科饲用植物，适于放牧利用。

花序　　　　　　　　　　　　　植株

地毯草

拉丁名： *Axonopus compressus* (Sw.) P. Beauv.

英文名： American carpet grass, Blanket grass, Broadleaf carpet grass

多年生草本。具长匍匐枝。秆压扁，高 8~60 厘米，节密生灰白色柔毛。叶鞘松弛，压扁，呈脊；叶片扁平，质地柔薄，长 5~10 厘米，宽 6~12 毫米，两面无毛或上面被柔毛。总状花序 2~5 枚，长 4~8 厘米，最长两枚成对而生，呈指状排列在主轴上；小穗长圆状披针形，长 2.2~2.5 毫米；第一颖缺；第二颖与第一外稃等长或第二颖稍短；第一内稃缺；第二外稃革质，短于小穗，具细点状横皱纹，先端钝而疏生细毛，边缘稍厚，包着同质内稃；鳞片 2，折叠，具细脉纹；花柱基分离，柱头羽状，白色。

分布： 雅浦。

利用： 天然草地中常见的优势草种，坪用价值较高。其具有较好的饲用植物，适于放牧利用。

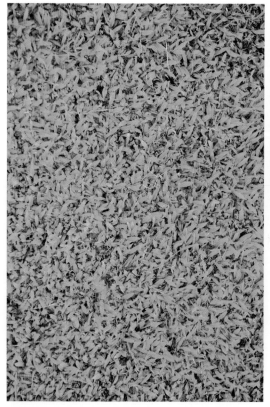

草坪

株丛

小穗

鸭姆草

拉丁名：*Paspalum scrobiculatum* L.

波纳佩名：Ran-ta, Ranta

英文名：Creeping paspalum, Ditch millet, Indian paspalum

多年生。秆粗壮，直立或基部倾卧地面，高30~90厘米。叶鞘大多无毛，长于节间或上部者短于节间，常压扁成脊；叶舌长0.5~1毫米；叶片披针形或线状披针形，长10~20厘米，宽4~12毫米，通常无毛，边缘微粗糙，顶端渐尖，基部近圆形。总状花序2~5枚，长3~10厘米，着生于长2~6厘米的主轴上，直立或开展；穗轴宽1.5~2.5毫米，边缘粗糙；小穗圆形至宽椭圆形，长2.5毫米左右；第一颖不存在；第二颖具5脉；第一外稃具5~7脉，膜质或有时变硬，边缘有横皱纹；第二外稃革质，暗褐色，等长于小穗。

分布：丘克、雅浦、波纳佩。

利用：适口性较好的禾本科饲用植物，适于栽培刈割利用或轮牧利用。

株丛

植株

圆锥花雀稗

拉丁名：*Paspalum paniculatum* L.

英文名：Angel grass, Galmarra grass, Russell river grass

多年生草本。秆直立，节被毛，高 50~100 厘米，基部节部生根。叶鞘长于节间，被毛；叶舌长约 1 毫米，膜质。叶片长 10~40 厘米，宽 1~2 厘米，近基部被毛，中脉于叶背突出；叶缘粗糙。圆锥花序长 10~20 厘米，分枝总状花序最多达 20 枚。小穗长约 1.5 毫米，棕色，呈两列着生；第一颖缺失；第二颖与不育花外稃同形，被疏毛。

分布：雅浦、丘克、科斯雷、波纳佩。

利用：在密克罗尼西亚联邦分布较广，常形成优势种群占据天然草地。该种的叶茎比高、产量大、叶片柔嫩，其饲用价值高，是该区域发展草地畜牧业的优势草种之一。

株丛　　　　　　　　　　　　　　花序

海雀稗

拉丁名：*Paspalum vaginatum* Sw.

波纳佩名：Dimur, Dumwur, Timoor

英文名：Biscuit grass, Knot grass, Knottweed, Salt grass

多年生。具根状茎与长匍匐茎，其节间长约4厘米，节上抽出直立的枝秆，秆高10~50厘米。叶鞘长约3厘米，具脊，大多长于其节间；叶舌长约1毫米；叶片长5~10厘米，宽2~5毫米，线形，顶端渐尖，内卷。总状花序大多2枚，对生，有时1枚或3枚，直立，后开展或反折，长2~5厘米；穗轴宽约1.5毫米，平滑无毛；小穗卵状披针形，长约3.5毫米，顶端尖；第二颖膜质，中脉不明显，近边缘有2侧脉；第一外稃具5脉，中脉存在；第二外稃软骨质，较短于小穗，顶端有白色短毛。花药长约1.2毫米。

小穗

分布：雅浦、丘克、科斯雷、波纳佩。

利用：适口性较好的禾本科饲用植物，适于放牧利用。

植株

花序

毛花雀稗

拉丁名：*Paspalum dilatatum* Poir.

英文名：Caterpillar grass, Dallis grass, Golden crown grass

多年生，具短根茎。秆丛生，直立，粗壮，高 50~150 厘米，直径约 5 毫米。叶片长 10~40 厘米，宽 5~10 毫米。总状花序长 5~8 厘米，4~10 枚呈总状着生于主轴上，分枝腋间具长柔毛；小穗卵形，长 3~3.5 毫米，宽约 2.5 毫米；第二颖等长于小穗，具 7~9 脉，表面散生短毛，边缘具长纤毛；第一外稃相似于第二颖，但边缘不具纤毛。

小穗

分布：波纳佩。

利用：产量较高、适口性佳的禾本科饲用植物，适于栽培刈割利用，或用于草地改良。

花序

植株

高野黍

拉丁名：*Eriochloa procera* (Retz.) C.E. Hubb.

英文名：Slender cup grass, Spring grass, Tropical cupgrass

一年生草本。秆丛生，高 30~150 厘米，直立，具分枝。叶鞘具脊，无毛；叶舌为一圈长 0.6~0.8 毫米白色的纤毛；叶片线形，长 10~12 厘米，宽 2~8 毫米。圆锥花序长 10~20 厘米，由数枚总状花序组成；总状花序长 3~7 厘米，直立或斜举，无毛；小穗长圆状披针形，长约 3 毫米，基盘长约 0.3 毫米，常带紫色；第一颖微小；第二颖与第一外稃等长而同质，均贴生白色丝状毛，第一内稃缺；第二外稃灰白，具细点微波状，长约 2 毫米，顶端具长约 0.5 毫米的小尖头。

小穗

分布：雅浦、丘克、科斯雷、波纳佩。

利用：适口性较好的禾本科饲用植物，适于放牧利用。

植株

花序

巴拉草

拉丁名：_Brachiaria mutica_ (Forssk.) Stapf

多年生草本，高 1.5~2.5 米。秆粗壮，节上有毛。叶鞘长 11~14 厘米；叶舌长约 0.8 毫米；叶片扁平，长约 30 厘米，宽 1.5~2 厘米。圆锥花序长约 20 厘米，由 10~15 枚总状花序组成；总状花序长 5~10 厘米；小穗长约 3.2 毫米；第一颖长约 1 毫米，具 1 脉；第二颖等长于小穗，具 5 脉；第一小花雄性，其外稃长约 3 毫米，具 5 脉，有近等长的内稃；第二外稃长约 2.5 毫米，骨质。

分布：雅浦。

利用：产量较高、适口性佳的禾本科饲用植物，适于栽培刈割利用。

植株

秆叶局部

小穗

大 黍

拉丁名：*Panicum maximum* Jacq.

丘克名：Paki ngeni

英文名：Buffalograss, Green panicgrass, Guinea grass

小穗

多年生，簇生高大草本。秆直立，高 1~3 米，节上密生柔毛。叶鞘疏生疣基毛；叶舌膜质，长约 1.5 毫米；叶片宽线形，长 20~60 厘米，宽 1~1.5 厘米。圆锥花序大而开展，长 20~35 厘米；小穗长圆形，长约 3 毫米；第一颖卵圆形，长约为小穗的 1/3，具 3 脉，侧脉不甚明显，顶端尖，第二颖椭圆形，与小穗等长，具 5 脉，顶端喙尖；第一外稃与第二颖同形、等长，具 5 脉，其内稃薄膜质，与外稃等长，具 2 脉，有 3 雄蕊，花丝极短，白色，花药暗褐色，长约 2 毫米；第二外稃长圆形，革质，长约 2.5 毫米，与其内稃表面均具横皱纹。鳞被长约 0.3 毫米，宽约 0.38 毫米，具 3~5 脉，局部增厚，肉质，折叠。

分布：雅浦、丘克、科斯雷、波纳佩。

利用：产量较高、适口性佳的禾本科饲用植物，适于栽培刈割利用，或用于草地改良。

植株

花序

铺地黍

拉丁名： *Panicum repens* L.

英文名： Couch panicum, Creeping panic, Quack grass

多年生草本。根茎粗壮发达。秆直立高 50~100 厘米。叶鞘光滑，边缘被纤毛；叶舌长约 0.5 毫米；叶片质硬，线形，长 5~25 厘米，宽 2.5~5 毫米；叶舌极短，膜质，顶端具长纤毛。圆锥花序开展，长 5~20 厘米；小穗长圆形，长约 3 毫米，无毛，顶端尖；第一颖薄膜质，长约为小穗的 1/4；第二颖约与小穗近等长，第一小花雄性，其外稃与第二颖等长；雄蕊 3，其花丝极短，花药长约 1.6 毫米，暗褐色；第二小花结实，长圆形，长约 2 毫米，平滑、光亮，顶端尖；鳞被长约 0.3 毫米，宽约 0.24 毫米，脉不清晰。

小穗

分布： 雅浦。

利用： 适口性较好的禾本科饲用植物，适于放牧利用。

花序

株丛

薏 苡

拉丁名：*Coix lacryma-jobi* L.

丘克名：Fetin umuno

波纳佩名：Rosario

英文名：Adlay millet, Job's tears

雌小穗

一年生粗壮草本。秆直立丛生，高 1~2 米。叶鞘短于其节间；叶舌干膜质，长约 1 毫米；叶片扁平宽大，长 10~40 厘米，宽 1.5~3 厘米。总状花序腋生成束，长 4~10 厘米。雌小穗位于花序之下部，外面包以骨质念珠状之总苞，总苞卵圆形，长 7~10 毫米，直径 6~8 毫米，珐琅质；第一颖卵圆形，包围着第二颖及第一外稃；第二外稃短于颖，第二内稃较小；雄蕊常退化；雌蕊具细长之柱头，从总苞之顶端伸出，颖果小。雄小穗 2~3 对，着生于总状花序上部，长 1~2 厘米；无柄雄小穗长 6~7 毫米，第一颖草质，具有不等宽之翼，第二颖舟形；外稃与内稃膜质；第一及第二小花常具雄蕊 3 枚，花药橘黄色，长 4~5 毫米；有柄雄小穗与无柄者相似，或较小而呈不同程度的退化。

分布：丘克、波纳佩。

利用：草产量高、品质好的优先禾本科饲草，适于栽培刈割利用。

示花序

株丛

五节芒

拉丁名： *Miscanthus floridulus* (Labill.) Warb. ex K. Schum. & Lauterb.

多年生草本。秆高大，高2~4米；叶舌长1~2毫米，顶端具纤毛；叶片披针状线形，长25~60厘米，宽1.5~3厘米。圆锥花序大型，稠密，长30~50厘米；分枝较细弱，长15~20厘米，通常10多枚簇生于基部各节，具2~3回小枝，腋间生柔毛；总状花序轴的节间长3~5毫米，无毛，小穗柄无毛，顶端稍膨大，短柄长1~1.5毫米，长柄向外弯曲，长2.5~3毫米；小穗卵状披针形，长3~3.5毫米；第一颖无毛，顶端渐尖或有2微齿，侧脉内折呈2脊；第二颖等长于第一颖，具3脉，中脉呈脊，粗糙，边缘具短纤毛，第一外稃长圆状披针形；第二外稃卵状披针形，长约2.5毫米，芒长7~10毫米，微粗糙，伸直或下部稍扭曲；内稃微小；雄蕊3枚，花药长1.2~1.5毫米，橘黄色；花柱极短，柱头紫黑色，自小穗中部之两侧伸出。

分布： 波纳佩。

利用： 草产量较高，适口性一般，幼嫩期牛羊喜采食。

植株

花序

小穗

簇穗鸭嘴草

拉丁名：*Ischaemum polystachyum* J. Presl

丘克名：Fatil

波纳佩名：Reh padil

英文名：Paddle grass

多年生草本，具短根状茎。秆基部分枝，呈簇状，秆高 60~100 厘米；基部节处生根，节部被毛或无毛。叶鞘光滑或稀疏被毛；叶片宽线形，10~40 厘米长，1~2 厘米宽，被短柔毛；叶舌 1~2 毫米长；总状花序 3~4 枚指状排列于秆顶；分枝总状花序长约 5 厘米；花序轴三棱状线形，被纤毛；无柄小穗披针形，长约 5 毫米，宽约 1.5 毫米；第一颖草绿色，中部以下具肿胀的翼，先端有 2 微齿，第二颖质稍薄，舟形，背部中上部有脊，顶部具小尖头或短芒。有柄小穗扁平，第一颖具芒。

分布：雅浦、丘克、科斯雷、波纳佩。

利用：在密克罗尼西亚联邦四个州都有分布，常占据天然草地形成优势种群。产量大，叶片柔嫩，饲用价值极高，可栽培刈割利用，也可改良天然草地放牧利用，是该区域发展草地畜牧业的优势禾草。

株丛

花序

细毛鸭嘴草

拉丁名：*Ischaemum ciliare* Retzius

英文名：Batiki bluegrass, Indian murainagrass

多年生草本。秆直立或基部平卧至斜升，直立部分高 40~50 厘米，节上密被白色髯毛。叶鞘疏生疣毛；叶舌膜质，长约 1 毫米；叶片线形，长可达 12 厘米，宽可达 1 厘米，两面被疏毛。总状花序 2 枚孪生于秆顶，长 5~7 厘米或更短；总状花序轴节间和小穗柄的棱上均有长纤毛。无柄小穗倒卵状矩圆形，第一颖革质，长 4~5 毫米，先端具 2 齿；第二颖较薄，

花序

舟形，等长于第一颖，下部光滑，上部具脊和窄翅，先端渐尖，边缘有纤毛；第一小花雄性，外稃纸质，脉不明显，先端渐尖；第二小花两性，外稃较短，先端 2 深裂至中部，裂齿间着生芒；芒在中部膝曲；子房无毛，柱头紫色，长约 2 毫米。有柄小穗具膝曲芒。

分布：丘克。

利用：山地草地中常形成优势种群，适于放牧利用。

株丛

白羊草

拉丁名： *Bothriochloa ischaemum* (L.) Keng

多年生草本。秆丛生，高 25~70 厘米，节上无毛或具白色髯毛；叶鞘无毛，常短于节间；叶舌膜质，长约 1 毫米；叶片线形，长 5~16 厘米，宽 2~3 毫米。总状花序 4 至多数着生于秆顶呈指状，长 3~7 厘米；无柄小穗长圆状披针形，长 4~5 毫米，基盘具髯毛；第一颖草质，背部中央略下凹，具 5~7 脉；第二颖舟形，中部以上具纤毛；脊上粗糙，边缘亦膜质；第一外稃长圆状披针形，长约 3 毫米，先端尖，边缘上部疏生纤毛；第二外稃退化成线形，先端延伸成一膝曲扭转的芒，芒长 10~15 毫米；第一内稃长圆状披针形，长约 0.5 毫米；第二内稃退化；鳞被 2，楔形；雄蕊 3 枚，长约 2 毫米。有柄小穗雄性；第一颖背部无毛，具 9 脉；第二颖具 5 脉，背部扁平，两侧内折，边缘具纤毛。

分布： 波纳佩。

利用： 适口性较好的禾本科饲草，适于放牧利用。

花序

株丛

柠檬草

拉丁名：*Cymbopogon citratus* (DC.) Stapf

多年生密丛型具香味草本。秆高达 2 米，粗壮。叶鞘无毛；叶舌质厚，长约 1 毫米；叶片长 30~90 厘米，宽 5~15 毫米。伪圆锥花序具多次复合分枝，长约 50 厘米，疏散，分枝细长，顶端下垂；佛焰苞长 1.5 厘米；总状花序不等长，具 3~4 节或 5~6 节，长约 1.5 厘米；总梗无毛；总状花序轴节间及小穗柄长 2.5~4 毫米，边缘疏生柔毛，顶端膨大或具齿裂。无柄小穗线状披针形，长 5~6 毫米，宽约 0.7 毫米；第一颖背部扁平或下凹成槽，无脉，上部具窄翼，边缘有短纤毛；第二外稃狭小，长约 3 毫米，先端具 2 微齿，无芒或具长约 0.2 毫米之芒尖。有柄小穗长 4.5~5 毫米。

分布：雅浦、丘克、科斯雷、波纳佩都有栽培。

利用：多作为观赏或香料利用种植。

植株

长穗赤箭莎

拉丁名： *Schoenus calostachyus* (R. Br.) Poir.

根状茎短。秆丛生，直立，多数，包括花序在内长 70~90 厘米。叶线形，宽 1.5~2 毫米，坚硬。苞片叶状，具圆筒状叶鞘，鞘长 1.5~2.5 厘米；总状花序松散，每节具 1 个或 2、3 个小穗，从同一苞片鞘抽出；小穗披针形或卵状披针形，长约 2 厘米，每个小穗具 9~11 片鳞片，有 4 朵两性花；鳞片二列；下位刚毛 5~7 条，纤细，易脱落，比小坚果短 2~3 倍；雄蕊 3 枚，中部花的花丝特长，几超过花柱，花药早落，其上下各花的花丝极短，长仅为花药的一半，花药线形；花柱细长，基部不膨大，平滑，无毛，柱头 3 个，细长，被棕色短柔毛。小坚果倒卵形，三棱形，灰褐色，表面具网状皱纹，无毛，略被白粉，基部无柄，顶端喙极不明显。

分布： 雅浦。

利用： 滨海灌丛草地中常见的优势草种，可用于放牧利用。

植株

花序局部

刺子莞

拉丁名：*Rhynchospora rubra* (Lour.) Makino

根状茎极短。秆丛生，直立，高30~65厘米。叶基生，长达秆的1/2，宽1.5~3.5毫米。苞片4~10枚，叶状，不等长；头状花序顶生，球形，直径15~17毫米，棕色，具多数小穗；小穗钻状披针形，长约8毫米；鳞片卵状披针形至椭圆状卵形，有花鳞片较无花鳞片大，最上面1片或2片鳞片具雄花，其下1枚为雌花；下位刚毛4~6条，长短不一，不到小坚果长的1/2；雄蕊2枚或3枚，花丝短于或微露出鳞片外，花药线形，药隔突出于顶端；花柱细长，基部膨大，柱头2个。小坚果宽或狭倒卵形，长1.5~1.8毫米，双凸状。

植株

分布：雅浦。

利用：滨海灌丛草地中常见的伴生草种，可用于放牧利用。

花序

三穗飘拂草

拉丁名：*Fimbristylis tristachya* R. Brown

多年生草本，根状茎粗短；茎丛生，高 20~90 厘米。叶较茎短，宽约 2 毫米；叶鞘浅棕色，鞘口斜裂；叶舌呈一簇短毛。苞片 1 枚，叶状，远较花序短；长侧枝聚伞花序通常有 3~6 个小穗；小穗卵形或长圆柱状，圆柱状，长 8~23 毫米，宽 4~6 毫米；鳞片螺旋状排列，近革质，卵形或阔卵形，长 5~6 毫米，宽 4~4.5 毫米，顶端钝，有短尖头，背部稍龙骨状突起，两侧棕色，具锈色短条纹，脉明显，多数，雄蕊 3 枚，花药线形，长 2~2.5 毫米；花柱长约 3.5 毫米，扁平，基部稍膨大，具缘毛，柱头 2 枚。小坚果倒卵形，扁双凸状，连柄长约 2 毫米，成熟时黄褐色，稍有光泽，表面具六角形的网纹，基部具褐色，长约 0.5 毫米的短柄。

分布：雅浦。

利用：可用于放牧利用。

植株

小穗

小坚果

黑果飘拂草

拉丁名：*Fimbristylis cymosa* R. Br.

根状茎短，无匍匐根状茎。秆高10~60厘米。叶极坚硬，厚，平张，顶端急尖，边缘有稀疏细锯齿，宽1.5~4毫米；苞片1~3枚，短于花序；长侧枝聚伞花序简单或近于复出，少有减缩为头状，辐射枝张开；小穗多数簇生成头状，直径5~10毫米，长圆形或卵形，顶端钝，长4~6毫米，宽2毫米，无小穗柄，密生多数花；鳞片近膜质，卵形，顶端钝，红褐色，具白色干膜质宽边，背面有不明显的3条脉；

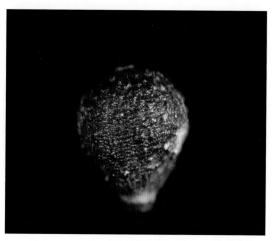

小坚果

雄蕊3，花药线形，长约0.7毫米；花柱细，基部稍粗，无毛，柱头3个。小坚果宽倒卵形，三棱形，长0.75毫米，具不明显的疣状突起，表面网纹呈方形或横长圆形，或有时近于平滑，成熟时紫黑色。

分布：雅浦。

利用：可用于放牧利用。

居群

花序

鬼针草

拉丁名：*Bidens pilosa* L.

英文名：Beggar's tick, Beggar-ticks, Black-jack

一年生草本，高 20~100 厘米。叶对生，叶柄长 1~5 厘米；叶片轮廓长三角形或三角形，三出复叶，小叶 3 枚，稀 5 枚或极稀 7 枚。头状花序于茎和分枝先端排列成疏伞房状花序或稀单生，径 8~10 毫米，全部为两性花；花序梗长 2~5 厘米，果时延长，无毛或散生柔毛；总苞钟形，下部和基部被白色柔毛；总苞片 2 层，6~8枚；托片外层的披针形，内层条状披针形，

花序

全部长 5~6 毫米，干膜质，背面褐色，边缘黄色，先端密生细毛。管状花，长 4~5 毫米，黄色，冠檐 5 齿裂；舌状花通常为 5 枚，舌片白色。

分布：波纳佩。

利用：猪、牛、羊及禽类均喜采食，可刈割利用。

株丛

野茼蒿

拉丁名：*Crassocephalum crepidioides* (Benth.) S. Moore

英文名：Ebolo, Fireweed,Redflower ragleaf

直立草本，高 20~120 厘米，茎有纵条棱。叶膜质，椭圆形或长圆状椭圆形，长 7~12 厘米，宽 4~5 厘米，顶端渐尖，基部楔形，边缘有不规则锯齿或重锯齿，或有时基部羽状裂；叶柄长 2~2.5 厘米。头状花序数个在茎端排成伞房状，直径约 3 厘米，总苞钟状，长 1~1.2 厘米，基部截形，有数枚不等长的线形小苞片；总苞片 1 层，线状披针形，等长，宽约 1.5 毫米，具狭膜质边缘，顶端有簇状毛，小花全部管状，两性，花冠红褐色或橙红色，檐部 5 齿裂，花柱基部呈小球状，分枝，顶端尖，被乳头状毛。瘦果狭圆柱形，赤红色，有肋，被毛；冠毛极多数，白色，绢毛状，易脱落。

分布：波纳佩。

利用：猪、牛、羊及禽类均喜采食，可用于刈割利用。

植株局部

花

羽芒菊

拉丁名：*Tridax procumbens* L.

英文名：Coat buttons, Tridax daisy, Wild daisy

多年生。茎纤细，平卧，节处常生多数不定根，长 30~100 厘米。叶片披针形或卵状披针形，长 4~8 厘米，宽 2~3 厘米。头状花序少数，径 1~1.4 厘米，单生于茎、枝顶端；花序梗长 10~20 厘米，被白色疏毛；总苞钟形，长 7~9 毫米；总苞片 2~3 层，外层绿色，叶质或边缘干膜质，卵形或卵状长圆形，长 6~7 毫米，顶端短尖或凸尖，背面被密毛，内层长圆形，长 7~8 毫米，无毛，干膜质，顶端凸尖，最内层线形，光亮，鳞片状；花托稍突起，托片长约 8 毫米，顶端芒尖或近于凸尖。雌花 1 层，舌状，舌片长圆形，长约 4 毫米，宽约 3 毫米，顶端 2~3 浅裂，管部长 3.5~4 毫米，被毛；两性花多数，花冠管状，长约 7 毫米，被短柔毛，上部稍大，檐部 5 浅裂，裂片长圆状或卵状渐尖，边缘有时带波浪状。瘦果陀螺形、倒圆锥形或稀圆柱状，干时黑色，长约 2.5 毫米，密被疏毛。冠毛上部污白色，下部黄褐色，长 5~7 毫米，羽毛状。

分布：波纳佩。

利用：猪、牛、羊及禽类均喜采食，可用于刈割利用或放牧采食。

植株

花序

孪花蟛蜞菊

拉丁名：*Wedelia biflora* (L.) DC.

攀援状草本。叶片卵形至卵状披针形，连叶柄长 9~25 厘米，宽 4~11 厘米。头状花序少数，径可达 2 厘米，生叶腋和枝顶，有时孪生，花序梗细弱，长 2~4（6）厘米，被向上贴生的短粗毛；总苞半球形或近卵状，径 8~12 毫米；总苞片 2 层；托片稍折叠，倒披针形或倒卵状长圆形，长约 5~6 毫米。舌状花 1 层，黄色，舌片倒卵状长圆形，长约 8 毫米，宽约 4 毫米，顶端 2 齿裂，被疏柔毛，筒部长近 3 毫米；管状花花冠黄色，长约 4 毫米，下部骤然收缩成细管状，檐部 5 裂，裂片长圆形，顶端钝，被疏短毛。瘦果倒卵形，长约 4 毫米，宽近 3 毫米，具 3~4 棱，基部尖，顶端宽，截平，被密短柔毛。无冠毛及冠毛环。

分布：雅浦、丘克、科斯雷、波纳佩都有栽培。

利用：该种生态位侵占性强。但也具有饲用价值，猪、牛、羊及禽类均喜采食，生物量较大，可用于刈割利用。

花序

株丛

白花地胆草

拉丁名：*Elephantopus tomentosus* L.

茎直立，高 0.8~1 米；叶散生于茎上，下部叶长圆状倒卵形，长 8~20 厘米，宽 3~5 厘米，上部叶椭圆形或长圆状椭圆形，长 7~8 厘米，宽 1.5~2 厘米；头状花序 12~20 个在茎枝顶端密集成团球状复头状花序；总苞长圆形，长 8~10 毫米，宽 1.5~2 毫米；总苞片绿色，外层 4，披针状长圆形，长 4~5 毫米，内层 4 个，椭圆状长圆形，长 7~8 毫米；花 4 个，花冠白色，漏斗状，长 5~6 毫米，管部细，裂片披针形，无毛；瘦果长圆状线形，长约 3 毫米，

植株

具 10 条肋，被短柔毛；冠毛污白色，具 5 条硬刚毛，长约 4 毫米，基部急宽呈三角形。

分布：雅浦。

利用：猪、牛、羊及禽类均喜采食，可用于刈割利用。

花序

一点红

拉丁名：*Emilia sonchifolia* (L.) DC.

英文名：Purple sow thistle, Red tassel-flower

一年生草本。茎直立或斜升，高 25~40 厘米。叶质较厚，大头羽状分裂，长 5~10 厘米，宽 2.5~6.5 厘米；中部茎叶疏生，较小，卵状披针形或长圆状披针形，无柄，基部箭状抱茎，顶端急尖，全缘或有不规则细齿。头状花序长 8 毫米，后伸长达 14 毫米，在开花前下垂，花后直立；花序梗细，长 2.5~5 厘米，无苞片，总苞圆柱形，长 8~14 毫米，宽 5~8 毫米；总苞片 1 层，长圆状线形，黄绿色。小花粉红色或紫色，长约 9 毫米，管部细长，檐部渐扩大，具 5 深裂瘦果圆柱形，长 3~4 毫米，具 5 棱，肋间被微毛；冠毛丰富，白色，细软。

分布：波纳佩。

利用：猪、牛、羊及禽类均喜采食，可用于刈割利用。

花序

植株

藿香蓟

拉丁名：*Ageratum conyzoides* L.

波纳佩名：Pusen-koh, Pwisehnkou

丘克名：Amshiip, Olloowaisiip, Ololopon

花序

一年生草本，高 50~100 厘米。叶对生，中部茎叶卵形，长 3~8 厘米，宽 2~5 厘米。头状花序 4~18 个在茎顶排成通常紧密的伞房状花序；花序径 1.5~3 厘米。花梗长 0.5~1.5 厘米，被短柔毛。总苞钟状或半球形，宽 5 毫米。总苞片 2 层，长圆形或披针状长圆形，长 3~4 毫米，外面无毛，边缘撕裂。花冠长 1.5~2.5 毫米，外面无毛或顶端有尘状微柔毛，檐部 5 裂，淡紫色。瘦果黑褐色，5 棱，长 1.2~1.7 毫米，有白色稀疏细柔毛。冠毛膜片 5 个或 6 个，长圆形，顶端急狭或渐狭成长或短芒状，或部分膜片顶端截形而无芒状渐尖；全部冠毛膜片长 1.5~3 毫米。

分布：雅浦、丘克、科斯雷、波纳佩。

利用：猪、牛、羊及禽类均喜采食，可用于刈割利用。

株丛

小叶冷水花

拉丁名：*Pilea microphylla* (L.) Liebm

波纳佩名：Limw in tuhke, Limwin tuhke

英文名：Artillery fern, Artillery plant

纤细小草本。茎肉质，高 3~17 厘米，粗 1~1.5 毫米。叶很小，同对的不等大，倒卵形至匙形，长 3~7 毫米，宽 1.5~3 毫米；叶柄纤细，长 1~4 毫米；托叶不明显，三角形，长约 0.5 毫米。雌雄同株，有时同序，聚伞花序密集成近头状，具梗，稀近无梗，长 1.5~6 毫米。雄花具梗，在芽时长约 0.7 毫米；花被片 4，卵形，外面近先端有短角状突起；雄蕊 4；退化雌蕊不明显。雌花更小；花被片 3，稍不等长，果时中间的一枚长圆形，稍增厚，与果近等长，侧生二枚卵形，先端锐尖，薄膜质，较长的一枚短约 1/4；退化雄蕊不明显。瘦果卵形，长约 0.4 毫米，熟时变褐色，光滑。

分布：雅浦、丘克、科斯雷、波纳佩。

利用：禽类喜采食，可用于刈割利用。

株丛

雾水葛

拉丁名： *Pouzolzia zeylanica* (L.) Benn.

多年生草本，高 12~40 厘米，不分枝，通常在基部或下部有 1~3 对对生的长分枝，枝条不分枝或有少数极短的分枝。叶全部对生；叶片草质，卵形或宽卵形，长 1.2~3.8 厘米，宽 0.8~2.6 厘米；叶柄长 0.3~1.6 厘米。团伞花序通常两性，直径 1~2.5 毫米；苞片三角形，长 2~3 毫米，顶端骤尖，背面有毛。雄花有短梗：花被片 4，狭长圆形或长圆状倒披针形，长约 1.5 毫米，基部稍合生，外面有疏毛；雄蕊 4 枚，长约 1.8 毫米，花药长约 0.5 毫米；退化雌蕊狭倒卵形，长约 0.4 毫米。雌花花被椭圆形或近菱形，长约 0.8 毫米，顶端有 2 小齿，外面密被柔毛，果期呈菱状卵形，长约 1.5 毫米；柱头长 1.2~2 毫米。瘦果卵球形，长约 1.2 毫米，淡黄白色，上部褐色，或全部黑色，有光泽。

分布： 雅浦。

利用： 猪、牛、羊及禽类均喜采食，可用于刈割利用。

植株

厚　藤

拉丁名：*Ipomoea pes-caprae* (L.) Sweet

多年生草本，全株无毛；茎平卧，有时缠绕。叶肉质，长 3.5~9 厘米，宽 3~10 厘米，顶端微缺或 2 裂；在背面近基部中脉两侧各有 1 枚腺体，侧脉 8~10 对；叶柄长 2~10 厘米。多歧聚伞花序，腋生，有时仅 1 朵发育；花序梗粗壮，长 4~14 厘米，花梗长 2~2.5 厘米；苞片小，阔三角形，早落；萼片厚纸质，卵形，顶端圆形，具小凸尖，外萼片长 7~8 毫米，内萼片长 9~11 毫米；花冠紫色或深红色，漏斗状，长 4~5 厘米；雄蕊和花柱内藏。蒴果球形，高 1.1~1.7 厘米，2 室，果皮革质，4 瓣裂。种子三棱状圆形，长 7~8 毫米，密被褐色茸毛。

分布：雅浦、丘克、科斯雷、波纳佩。

利用：猪、牛、羊及禽类均喜采食，可用于刈割利用。

居群

花期居群

单叶蔓荆

拉丁名： *Vitex trifolia* L. var. *simplicifolia* Cham.

多年生灌木，茎匍匐，节处常生不定根。单叶对生，叶片倒卵形或近圆形，顶端通常钝圆或有短尖头，基部楔形，全缘，长 2.5~5 厘米，宽 1.5~3 厘米，表面绿色，无毛或被微柔毛，背面密被灰白色绒毛。圆锥花序顶生，花序梗密被灰白色绒毛；花萼钟形，顶端 5 浅裂，外面有绒毛；花冠淡紫色或蓝紫色，长 6~10 毫米，外面及喉部有毛，花冠管内有较密的长柔毛，顶端 5 裂，二唇形，下唇中间裂片较大；雄蕊 4，伸出花冠外；子房无毛，密生腺点；花柱无毛，柱头 2 裂。核果近圆形，径约 5 毫米，成熟时黑色；果萼宿存，外被灰白色绒毛。

分布： 雅浦、丘克、科斯雷、波纳佩。

利用： 羊喜采食，可用于放牧利用。

植株

花序

蕹 菜

拉丁名：*Ipomoea aquatica* Forssk.

丘克名：Aseri, Seeri, Seri

波纳佩名：Kangkong

雅浦名：Kangking, Kangkong

一年生草本。茎圆柱形，有节，节间中空，节上生根。叶片形状大小有变化，长3.5~17厘米，宽0.9~8.5厘米，顶端锐尖或渐尖，具小短尖头，基部心形、戟形或箭形，偶尔截形，全缘或波状；叶柄长3~14厘米，无毛。聚伞花序腋生，花序梗长1.5~9厘米，基部被柔毛，向上无毛，具1~3朵花；苞片小鳞片状，长1.5~2毫米；花梗长1.5~5厘米，无毛；萼片近于等长，卵形，长7~8毫米，顶端钝，具小短尖头，外面无毛；花冠白色、淡红色或紫红色，漏斗状，长3.5~5厘米；雄蕊不等长，花丝基部被毛；子房圆锥状，无毛。蒴果卵球形至球形，径约1厘米，无毛。种子密被短柔毛或有时无毛。

分布：雅浦、丘克、科斯雷、波纳佩。

利用：猪、牛、羊及禽类均喜采食，可用于刈割利用。也是重要的蔬菜资源。

株丛　　　　　　　　　　　　　　　　花序

番　薯

拉丁名： *Ipomoea batatas* (L.) Lam.

丘克名： Kómwu, Kómwuti, Kómwuutiy

波纳佩名： Pedehde, Satumaimo

雅浦名： Gamuti, kamuut

株丛

一年生具块根草本。茎平卧或上升，偶有缠绕。叶片形状通常为宽卵形，长 4~13 厘米，宽 3~13 厘米，全缘或 3~5；叶柄长短不一，长 2.5~20 厘米。聚伞花序腋生，有 1~3~7 朵花聚集成伞形；苞片小，披针形，长 2~4 毫米，顶端芒尖或骤尖，早落；花梗长 2~10 毫米；萼片长圆形，外萼片长 7~10 毫米，内萼片长 8~11 毫米，顶端骤然成芒尖状；花冠粉红色、白色、淡紫色或紫色，钟状或漏斗状，长 3~4 厘米；雄蕊及花柱内藏，花丝基部被毛；子房 2~4 室，被毛或有时无毛。蒴果卵形或扁圆形。种子 1~4 粒。

分布： 雅浦、丘克、科斯雷、波纳佩。

利用： 猪、牛、羊及禽类均喜采食，可用于刈割利用。

示花序

宽叶十万错

拉丁名： *Asystasia gangetica* (L.) T. Anderson

英文名： Asystasia, Chinese violet, Coromandel

多年生草本，叶具叶柄，椭圆形，基部急尖，钝，圆或近心形，几全缘，长 3~12 厘米，宽 1~4 厘米。总状花序顶生，花序轴 4 棱，棱上被毛。苞片对生，三角形，长 5 毫米；小苞片 2；花梗长约 3 毫米；花萼长 7 毫米，5 深裂。花冠短，约长 2.5 厘米；花冠管基部圆柱状，长约 12 毫米，上唇 2 裂，裂片三角状卵形，先端略尖，长约 5 毫米，下唇 3 裂，裂片长卵形，椭圆形，中裂片长约 9 毫米，侧裂片 7 毫米；雄蕊 4 枚，花丝无毛；花柱约长 12 毫米，基部被长柔毛，子房约长 3 毫米，密被长柔毛，具杯状花盘，花盘多少钝圆，5 浅裂。蒴果长 3 厘米，不育部分长 15 毫米。

分布： 雅浦、丘克、科斯雷、波纳佩。

利用： 猪、牛、羊及禽类均喜采食，可用于刈割利用。

植株

芋

拉丁名：*Colocasia esculenta* (L.) Schott

英文名：Taro

湿生草本。块茎通常卵形，常生多数小球茎，均富含淀粉。叶 2~3 枚或更多。叶柄长于叶片，长 20~90 厘米，叶片卵状，长 20~50 厘米。花序柄常单生，短于叶柄。佛焰苞长短不一，一般为 20 厘米左右：管部绿色，长约 4 厘米，粗 2.2 厘米，长卵形；檐部披针形或椭圆形，长约 17 厘米，展开成舟状，边缘内卷，淡黄色至绿白色。肉穗花序长约10 厘米，短于佛焰苞：雌花序长圆锥状，长 3~3.5 厘米，下部粗 1.2 厘米；中性花序长约 3~3.3 厘米，细圆柱状；雄花序圆柱形，长 4~4.5 厘米，粗 7 毫米，顶端骤狭；附属器钻形，长约 1 厘米，粗不及 1 毫米。

分布：雅浦、丘克、科斯雷、波纳佩。

利用：猪及禽类均喜采食其秸秆。

株丛

沼泽芋

拉丁名：*Cyrtosperma merkusii* (Hassk.) Schott

波纳佩名：Mwahng; Mwating

多年生大型草本，具块茎，株高最高可达6米。叶从球茎展出，叶柄长达3米，直立，基部通常被软刺；大型叶片盾状着生，轻微斜展，最长达2.5米，宽可达1.5米，深橄榄绿色，卵圆状箭形，顶端尖，基部具深裂片。球茎大，有些品种（*Simihden*）的球茎最长可达2米，重量超过25千克。喜生于淡水沼泽或较为潮湿的区域，通常会形成高密度的居群。

分布：雅浦、丘克、科斯雷、波纳佩。

利用：其球茎富含淀粉，是密联邦最具文化特色的粮食作物。叶片巨大，可利用率高，是饲养猪及禽类的优良饲料来源。

大型叶片，在当地作饲草利用

野生居群

花部

面包树

拉丁名：*Artocarpus incisus* (Thunb.) L.f.

常绿乔木，高 10~15 米。叶长 10~50 厘米，成熟之叶羽状分裂，两侧多为 3~8 羽状深裂；叶柄长 8~12 厘米；托叶大，披针形或宽披针形，长 10~25 厘米，黄绿色，被灰色或褐色平贴柔毛。花序单生叶腋，雄花序长圆筒形至长椭圆形或棒状，长 7~30 厘米，黄色；雄花花被管状，被毛，上部 2 裂，裂片披针形，雄蕊 1 枚，花药椭圆形，雌花花被管状，子房卵圆形，花柱长，柱头 2 裂，聚花果倒卵圆形或近球

果实

形，长 15~30 厘米，直径 8~15 厘米，绿色至黄色，表面具圆形瘤状凸起，成熟褐色至黑色，柔软，内面为乳白色肉质花被组成；核果椭圆形至圆锥形，直径约 25 毫米。栽培的很少核果或无核果。

分布：雅浦、丘克、科斯雷、波纳佩。

利用：猪及禽类喜采食其叶片和废弃果实。

植株局部

当地利用

光叶山黄麻

拉丁名: *Trema cannabina* Lour.

小乔木;小枝纤细,黄绿色,被贴生的短柔毛,后渐脱落。叶近膜质,卵形或卵状矩圆形,稀披针形,长 4~9 厘米,宽 1.5~4 厘米,先端尾状渐尖或渐尖,基部圆,稀宽楔形,边缘具圆齿状锯齿,叶面绿色,近光滑,稀稍粗糙,疏生的糙毛常早脱落,有时留有不明显的乳凸状的毛痕,叶背浅绿,只在脉上疏生柔毛,基部有明显的三出脉;其侧生的二条长达叶的中上部;叶柄纤细,长 4~8 毫米,被贴生短柔毛。花单性,雌雄同株,雌花序常生于花枝的上部叶腋,雄花序常生于花枝的下部叶腋,或雌雄同序,聚伞花序一般长不过叶柄;雄花具梗,直径约 1 毫米,花被片 5,倒卵形,外面无毛或疏生微柔毛。核果近球形或阔卵圆形,微压扁,直径 2~3 毫米,熟时橘红色,有宿存花被。

分布: 雅浦。

利用: 羊喜采食其叶片,适于放牧利用。

植株局部

拉丁名附录